防雷装置检测与雷电风险评估

主　编：李舟鑫

副主编：李　婧　曾佳影　李彦霖
　　　　任　锐　宋　宇

内容简介

本书第 1 章从雷雨云的产生过程、雷雨云的起电机理和雷电的危害等方面，对雷电的基础知识做出了阐述。第 2、3、4 章主要是防雷检测过程中作为判定依据的基本参数的计算分析及相关基本知识。第 5、6、7 章对防雷装置检测的操作程序、测试方法、测试影响及数据处理等方面做出要求，目的是要测试报告科学、准确、公正。第 8 章主要以实例的方式介绍了雷电风险评估方法，更直观地展现实际评估参数。第 9 章注重解释了大多数从事防雷装置检测人员难以理解的防雷规范部分条款，使读者了解真实意义，同时介绍了雷击灾害鉴定及土壤电阻率的分析方法。

本书从专业基础、防雷检测技术和评估方法等方面阐述了防雷技术的要点，可作为雷电防御技术方面从业者的参考用书。

图书在版编目（ＣＩＰ）数据

防雷装置检测与雷电风险评估 ／ 李舟鑫主编. -- 北京：气象出版社，2021.8
ISBN 978-7-5029-7538-8

Ⅰ.①防… Ⅱ.①李… Ⅲ.①防雷设施－检测②雷－灾害防治－研究③闪电－灾害防治－研究 Ⅳ.①TM862 ②P427.32

中国版本图书馆CIP数据核字(2021)第172371号

防雷装置检测与雷电风险评估
FANGLEI ZHUANGZHI JIANCE YU LEIDIAN FENGXIAN PINGGU

出版发行：气象出版社	
地　　址：北京市海淀区中关村南大街 46 号	邮政编码：100081
电　　话：010-68407112（总编室）　010-68408042（发行部）	
网　　址：http://www.qxcbs.com	E-mail：qxcbs@cma.gov.cn
责任编辑：王　聪　蔺学东	终　　审：吴晓鹏
责任校对：张硕杰	责任技编：赵相宁
封面设计：地大彩印设计中心	
印　　刷：北京中石油彩色印刷有限责任公司	
开　　本：787 mm×1092 mm　1/16	印　张：8.75
字　　数：230 千字	
版　　次：2021 年 8 月第 1 版	印　次：2021 年 8 月第 1 次印刷
定　　价：70.00 元	

本书如存在文字不清、漏印以及缺页、倒页、脱页等，请与本社发行部联系调换。

《防雷装置检测与雷电风险评估》编委会

主　编：李舟鑫

副主编：李　婧　曾佳影　李彦霖　任　锐
　　　　宋　宇

编　委：曾居仁　饶仕吉　朱曦嵘　金　超
　　　　刘晓伟　余丝岳　何治勇

组织编写单位

贵州庆仁兴隆科技有限公司

贵州庆仁防雷技术有限公司

前　言

防雷装置检测是防雷减灾工作的基础环节,随着大数据时代的到来,各种数据的采集、传输、处理等系统的集成化,使其对浪涌电流、电压的耐受水平降低,从而使雷电的危害形式呈现出多元化现象,因此,对防雷装置安全性能的要求也不断提高。防雷装置检测始于20世纪90年代初,2016年6月以前,我国的防雷装置安全性能检测,主要由各级气象部门的防雷装置检测机构承担,同时,这些检测机构还承担了气象部门履行的雷灾事故调查及鉴定、防雷技术开发、防雷科普宣传等工作。

随着国家防雷体制改革的全面完成,防雷装置检测机构面对市场全面开放,检测机构快速增加。由于我国对雷电的研究体系起步较晚,目前许多问题都在探索和实验过程中,各检测机构从事防雷技术服务的人员须全面掌握雷电防护所涉及的基础知识、相关的法律法规、国家强制性规范及标准的要求,才能正确评定防雷设施是否符合国家相关标准要求,为防雷减灾做出科学、合理、及时的指导意见。

本书主要编写者都具有相关专业基础和多年从事防雷技术服务的经验,结合防雷检测技术的专业要点,理论联系实际,直接从防雷装置检测技术的重点切入,简明扼要地阐明防雷检测技术的要点及基础知识。

鉴于编者水平有限,书中难免有不妥之处,望各位专家、读者批评指正。

编　者
2021年1月

目 录

前言

第1章 雷电基础知识 ………………………………………………………………… 1
    1.1 雷雨云的产生过程 …………………………………………………………… 1
    1.2 雷雨云的起电机理 …………………………………………………………… 2
    1.3 雷电的危害 …………………………………………………………………… 5

第2章 防雷检测常用参数 …………………………………………………………… 10
    2.1 接闪器保护范围 ……………………………………………………………… 10
    2.2 避雷针折线法与滚球法保护半径的对比计算 ……………………………… 14
    2.3 磁场强度的估算 ……………………………………………………………… 20
    2.4 接地与土壤电阻率 …………………………………………………………… 22

第3章 建筑电气基础 ………………………………………………………………… 26
    3.1 电路的基本参数 ……………………………………………………………… 26
    3.2 供电系统 ……………………………………………………………………… 28
    3.3 建筑电气的减灾设计 ………………………………………………………… 32

第4章 设计施工图的识别 …………………………………………………………… 33
    4.1 识图的基本概念 ……………………………………………………………… 33
    4.2 施工图的分类 ………………………………………………………………… 34
    4.3 施工图识别内容 ……………………………………………………………… 34

第5章 防雷装置检测程序 …………………………………………………………… 44
    5.1 检测程序总体要求 …………………………………………………………… 44
    5.2 防雷装置检测责任 …………………………………………………………… 46
    5.3 现场检测操作程序 …………………………………………………………… 47
    5.4 分类检测程序 ………………………………………………………………… 48

第6章 防雷装置检测技术 …………………………………………………………… 50
    6.1 接闪装置检测 ………………………………………………………………… 50
    6.2 引下线检测 …………………………………………………………………… 53
    6.3 等电位连接检测 ……………………………………………………………… 54

6.4 屏蔽措施检测……………………………………………………………… 57
6.5 接地电阻测试……………………………………………………………… 61
6.6 大型接地装置检测………………………………………………………… 63
6.7 回路阻抗对大地网测试的影响…………………………………………… 64

第7章 检测数据及报告填写规定 …………………………………………… 67
7.1 年度检测数据及报告……………………………………………………… 67
7.2 加油加气站检测报告……………………………………………………… 69
7.3 油库、气库设施检测报告………………………………………………… 70
7.4 新建项目检测报告………………………………………………………… 70

第8章 雷电风险评估 ………………………………………………………… 93
8.1 评估目的…………………………………………………………………… 94
8.2 评估内容…………………………………………………………………… 94
8.3 项目概况…………………………………………………………………… 94
8.4 雷击风险分析……………………………………………………………… 97
8.5 风险基本计算……………………………………………………………… 98
8.6 损害概率计算……………………………………………………………… 100
8.7 可能损失的平均数………………………………………………………… 103
8.8 评估分析…………………………………………………………………… 104
8.9 电磁场分析………………………………………………………………… 107
8.10 评估结论………………………………………………………………… 114

第9章 防雷规范释义 ………………………………………………………… 118
9.1 建筑物防雷规范条款解释………………………………………………… 118
9.2 雷击灾害调查实例………………………………………………………… 120
9.3 冻土与非冻土的土壤电阻率对比………………………………………… 125
9.4 防雷装置检测方案样式…………………………………………………… 126

参考资料 ……………………………………………………………………… 130

第1章 雷电基础知识

雷电是大气中的一种放电现象,也是一门古老而具有神秘色彩的科学,自从有人类历史以来,各个时期都记录着人们和雷电斗争的历史。《庄子》中记述阴阳分争故为电,阴阳交争为雷,阴阳错行、天地大骇,于是有雷、有霆。后至宋、元、明、清的历代建筑物都采用"雷公柱"(长杆)等措施避雷。自富兰克林发明了避雷针并建立初始的雷电防护理论后,人类正式开始了理论与实践相结合同雷电斗争的方式。

1.1 雷雨云的产生过程

雷电是雷雨云之间或云地之间产生的放电现象,雷雨云是产生雷电的先决条件,简单地说,就是雷雨云是闪电的产生源,当云中局部电场强度达到约 400 kV/m 时,就会发生中和放电而形成闪电。雷雨云是一种具有强烈上升气流和下沉气流的云,气象学上称为积雨云。当地表被太阳加热,部分能量将转移给低层大气并加热地表附近的空气,被加热的低层暖湿空气密度减小,在不稳定的垂直大气中上升。由于大气压随高度降低,使得暖湿空气在上升过程中不断膨胀,将其热能转化为势能,温度下降。当气团继续上升,温度降低的结果使水汽凝结到飘浮在空气中的固体凝结核上,形成气团内部的水滴集群,这就是"云"的初始相貌。

热空气上升后,其周围密度较大的干冷空气下沉,形成以环形上升气流和下沉气流为主的对流单体。由于上升气团的垂直上升高度受大气稳定度、周围空气混合后的稀释度及摩擦力等因素的影响,到达热稳定层时才终止,形成几千米厚的雷雨云。雷雨云是对流云发展的成熟阶段,绝大多数是从积云发展而来的,其发展过程可分为三个阶段,如图 1-1 所示。

图 1-1 雷雨云发展过程示意图

形成阶段主要是从淡积云向浓积云发展,云的垂直尺度有较大的增长,云中有比较规则的上升气流,形成阶段一般不会发生闪电。当浓积云发展成积雨云时,就伴随着雷电活动和降水现象发生。当云中雨滴和冰晶足够克服上升气流时,降雨产生。成熟阶段,云中除了有规则的上升气流外,同时也有系统性的下沉气流,上升气流一般在云的中、上部达到最大值,速度可超过 30 m/s。一阵电闪雷鸣、狂风暴雨后,如果没有暖、湿空气补充,云被有规则的下沉气流控制,云体逐渐崩溃,云上部很快演变为中、高云系,云底有时有一些碎积云或碎层云,雷雨云进入消散阶段。雷电的形成是云中电荷的中和现象,雷电的强、弱跟云中电荷的带电量有密切关系,云中电荷的形成机理将是下一节的主要内容。

1.2 雷雨云的起电机理

雷电的产生是一个复杂的过程,关于雷雨云的起电机理主要有以下几种学说:水滴破裂效应、吸电荷效应、结霜效应、温差起电效应、感应起电学说、对流起电学说。在特定的条件下,雷雨云的生成和起电机理可能是其中的一种学说,也可能是多种机理的共同效应。

1.2.1 水滴破裂效应

当地面、水面的水蒸气与空气的混合气体受热上升后,由于冷热气团相遇,水汽凝结成水滴或冰晶,在不断地运动过程中,水滴受气流碰撞而破裂。在破裂过程中,微小的水滴带负电荷,体积较大的水滴带正电荷,其分裂过程在具有强烈涡流的气旋中发生,上升气流将带负电荷的水滴集中到雷雨云的上部或沿水平方向集中到相当远的地方并形成大块的带负电荷的雷雨云,带负电荷的雷雨云使大地表面感应出正电荷。带正电荷的水滴以雨的形式降到地面,雷雨云与大地之间形成一个电场,何时放电,由电场的强度决定。当电场强度不大时,大气不会因击穿而放电,只有个别突出部分,电荷密度较大时发生中和放电,形成常见的云内闪电。当电场强度大到超过大气的击穿强度时,发生雷雨云与大地之间的中和放电,形成云地闪而发生雷击。

实际云层中许多水滴在温度低于 0 ℃时仍不冻结,称为过冷水滴。过冷水滴具有不稳定性,只要有轻微震荡就会冻结成冰晶。当过冷水滴与霰粒发生碰撞时会立即冻结,俗称撞冻。当撞冻发生时,过冷水滴的外部立即冻结形成冰壳,但它内部仍然暂时保持液态。由于外部冻结释放的潜热传到内部,内部液态过冷水的温度比外面冰壳温度高,温度的差异使过冷水滴外部带正电荷,内部带负电荷。当内部也发生冻结时,云滴膨胀破裂,外表皮破裂成带正电荷的冰屑,随气流运动到云的上部,带负电荷的冰核部分附着于较重的霰粒,停留在云的中下部。总体使云的上部带正电荷,中下部带负电荷。

1.2.2 吸电荷效应

测量地面大气电场强度时,电场强度会因时因地出现差异,说明大气电场并不是唯一决定地球带电的因素,还跟空间电荷分布有关联。经观察,大气中含有大量正、负离子,导致大气具有微弱的导电性能。这些带电粒子的生成、运动与不同带电离子的分离、汇集产生大气电场和电流。吸电荷学说认为,这是大气中产生雷电的原因。

1. 大气带电粒子

大气是由多层物理性能不同的部分构成,按高度可划分为热层(电离层)、中间层、平流层、对流层。研究雷电机理主要考虑发生在十几千米以下的对流层,低层大气带电离子的形成是主要研究对象。总体上,大气带电离子的形成是由地壳中放射性物质辐射的射线、大气中放射性物质辐射的射线和外太空的宇宙射线共同作用于空气分子,使空气分子发生电离而产生大气带电粒子。

2. 大气电流

大气分子在各种射线的电离作用下形成带电粒子,粒子的浓度随时间、地点以及大气离子的移动而发生变化,从而使大气离子浓度空间分布不均,但若同一浓度分布区,正、负离子均匀分布,混合在一起时,宏观上应不显电性。但实际上是显电性的,因为除电离源能产生正、负离子外,大气层上部云雾降水也会产生其他带电粒子,尖端放电产生的带电粒子,沙暴、雪暴、火山喷发、输电线路电晕放电等也会产生带电粒子,带电粒子受电场、重力、对流等非对称因素的作用,导致大气中正、负电荷分布不均匀,局部空间不是中性,呈现体电荷分布。若在体积为 V 的大气中,总的正电荷为 Q^+、负电荷为 Q^-,则大气体电荷密度为:

$$\rho = \frac{Q^+ + Q^-}{V} \tag{1-1}$$

晴天,大气正(负)离子在大气电场力作用下运动,大气体电荷受气流流动的影响,受大气湍流扩散的影响,产生流动,形成晴天大气电流,用晴天大气电流密度表示晴天大气电流为:

$$J = J_c + J_w + J_t \tag{1-2}$$

式中:J_c 为在电场作用下的传导电流密度,J_w 为在大气对流影响下的对流电流密度,J_t 为在大气湍流和扩散影响下的扩散电流密度。

大气带电离子的形成不只是地壳中放射性物质辐射的射线、大气中放射性物质辐射的射线和外太空的宇宙射线共同作用于空气分子,使空气分子发生电离而产生大气带电粒子。另外,太阳辐射中波长小于 100 nm 的紫外线、闪电、火山爆发、森林火灾、尘暴、雪暴等自然现象也产生大气带电粒子,还有人类活动如火箭、飞机、工厂等也产生大气带电粒子。因此,所有能使大气分子电离的物质都统称为电离源。由于空间存在电场,大气分子受宇宙射线或其他电离作用形成大量正、负带电粒子,在电场的作用下,正、负离子在云的上下层分别聚集,使雷雨云带电并呈现电极性,因而吸电荷效应也可称为感应起电学说。

1.2.3 结霜效应

结霜起电是在冰水共存区,软雹表面覆盖着一层过冷水滴形成的液面,当冰晶和软雹碰撞时,软雹暖结霜表面与冰晶冷结霜表面之间产生温度差,导致电荷转移,这时,结霜软雹与冰晶之间的相对扩散增长率以及它们之间的相互作用,成为电荷转移的重要因子,扩散增长率取决于温度、局部过饱和度、液态水含量及冰晶尺度等。这些因子的不同配置会引起极性的电荷转移,也就是反转温度。实验发现:电荷传输与冰晶和软雹之间的碰撞过程密切相关,起电区域主要发生于过冷水滴浓度较高的区域;碰撞电荷传输与冰晶尺度相关,直径 100 m 冰晶,碰撞转移电荷量为 $1 \times 10^{-15} \sim 50 \times 10^{-15}$ 库仑;对于 1 g/m^3 的液态水含量反转温度位于 $-10 \sim 20$ ℃,实验结果与野外观测结果吻合很好。结霜起电学说认为,水滴结冰过程中会产生电荷,冰晶带正电荷,水滴带负电荷,上升气流带走冰晶上的水汽,导致电荷分离,从而使雷雨云带电。

1.2.4 温差起电效应

实验证明,冰中存在着正离子(H^+)和负离子(OH^-),温度发生变化时,离子发生扩散运动并分离。若将温度不同的冰晶连在一起然后又分开,往往温度较高的冰晶获得负电荷,温度较低的冰晶获得正电荷,这是因为较活跃并带正电荷的氢离子向温度较低的方向扩散,较稳定并带负电荷的氢氧根离子较多地存在于温度较高的部位。由于冰晶和霰粒子经常在强对流的情况下出现,又因过冷水滴在增大中释放潜热,霰粒子温度通常比环境温度稍高,为冰晶与霰粒子之间的碰撞并产生温差起电提供有利条件。

霰粒由冻结水滴组成,结构较疏松,过冷水滴与之相碰撞时释放出潜热,其温度通常比冰晶高。由于霰粒与冰晶接触部分存在温差,高温端的自由离子必然多于低温端,离子也必然从高温端向低温端迁移。离子迁移时,带正电的氢离子较轻,速度快,带负电的氢氧根离子(OH^-)较重,速度慢,就出现H^+离子多,高温端OH^-离子多的现象,形成高温端为负,低温端为正的电极化。当冰晶与霰粒接触后又分离时,霰粒温度较高带负电,冰晶温度较低带正电。在重力和上升气流的作用下,带正电的冰晶较轻集中到云的上部,带负电的霰粒较重停留在云的下部,使云的上部带正电,下部带负电。雷雨云中冰晶与霰粒在对流中的碰撞和摩擦造成温度差异,带电离子又因重力和气流的作用分离扩散,最后达到一定的动态平衡,这种因温差而起电的机理称为温差起电学说。

1.2.5 感应起电

感应起电就是外部电场引起降水粒子的电极化,其极化强度取决于所涉及粒子的电介常数,晴天大气电场电力线的方向指向地面。在垂直电场中下落的降水粒子被极化后,上部带正电荷,下部带负电荷,与这些降水粒子碰撞后的小冰晶或小水滴获得正电荷并随上升气流上升,完成电荷的转移,使得云粒子带正电荷,降水粒子带负电荷,如图1-2所示。

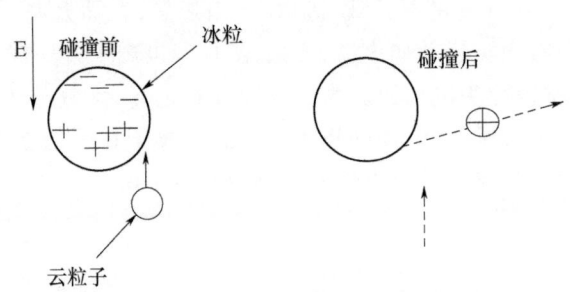

图 1-2 云粒子与极化降水粒子获电示意图

带负电荷的雨滴或冰粒因重量较大而下降,加强原来的电场,大小粒子之间的电荷交换量随电场强度的增强而增加,直至增强到水滴所携带最大电荷的极值,此时会有闪电发生,或因重力被电场力所抵消,大颗粒停止下降。实验表明,感应过程只有当环境电场强度高于 10 kV/m 时,才呈现出显著作用。

1.2.6 对流起电

对流云初始阶段,大气中总是存在大量的正离子和负离子,云中的水滴上,电荷呈不均匀分布,外层分子带负电而内层分子带正电,内层与外层形成电位差。为平衡电位差,水滴吸收大气中的负离子使其带上负电荷。对流开始时,较轻的带正电的离子被上升气流带到云的上部,带负电的云滴较重被留在下部,完成正、负电荷的分离过程。

假如云中电荷不是来自于水成物的起电和重力沉降,而是来自云外的大气离子或地面尖端放电产生的电晕离子,正、负电荷在垂直气流的作用下分离。处于晴天区域的正电荷由上升气流带入云内并附着在云粒子上,形成一个净正电荷区域,该区域的电场可使这块云的周围或电离层中的负离子流向云的表面,使云的外围部分带上负电荷。雷雨云内部猛烈的上升气流和云外部的下沉气流,将正电荷输送到云的顶部,负电荷输送到云的较低层。因此,对流起电机制不仅要求雷雨云的内部有强烈的上升气流,而且在云体的侧面还要有强烈的、大规模的下沉气流,但实际上这种大规模的下沉气流一般只在雷暴消散阶段才会出现,因此,对流起电的可能性还有待进一步探索,特别是雷雨云的电结构和气流结构还有待于大量的观测和深入研究,但对流起电机制有可能对雷雨云的云底附近较弱正电荷区的形成起一定的作用。

在雷雨的发展过程中,上述各种起电机制在不同阶段可能分别起作用,但最主要的起电机制还是水滴结冰造成的。大量观测证实,当云顶呈现纤维状丝缕结构时,云发展成积雨云,云中存在以冰晶、雪晶、霰粒为主的云粒子,云中的起电机制主要靠这些云粒子在成长过程中碰撞、摩擦而产生。

1.3 雷电的危害

雷电是发生在大气中的声、光、电物理现象,其放电电流可达数十千安培,甚至数百千安培。放电瞬间,雷电流产生强大破坏力和很强的电磁脉冲干扰,给人们生产生活带来了巨大的危害,雷电灾害已成为自然界十大自然灾害之一。

雷电机械效应所产生的破坏作用主要表现为两种形式:电动力和热效应产生的内压力。雷击建筑物时,在电动力作用下,建筑物内的导体之间会相互吸引或排斥,引起变形,甚至会被折断。在被击物体的内部产生内压力是雷电机械效应破坏作用的另一种表现形式。由于雷电流幅值很高,作用时间很短,击中树木或建筑构件时,在其内部瞬时产生大量热量,在短时间内使物体内部的水分被蒸发、汽化,迅速膨胀而产生巨大的爆炸力,使被击树木劈裂、建筑构件崩塌。

雷电的电磁感应作用是指当雷击发生后,局部地区的感应电荷不能在同样短的时间内消失,形成局部高电压。这种由静电感应产生的过电压对接地不良的电气系统有很强破坏作用,使接地不良的金属器件之间发生火花放电,对易燃易爆场所而言,这种火花放电可能造成火灾事故。

建筑物内通常敷设着各种电源线、信号线和金属管道(如供水管、供热管和供气管等),这些线路和管道常常会在建筑物内的不同空间构成环路。当建筑物遭受雷击时,雷电流沿建筑物防雷装置中各分支导体入地,流过分支导体的雷电流会在建筑物内部空间产生暂态脉冲电磁场,脉冲电磁场交链不同空间的导体回路,会在这些回路中感应出过电压和过电流,导致设备接口损坏。一旦建筑物受到直接雷击或其附近区域发生雷击,雷电过电压、过电流和脉冲电磁场会通过供电线、通信线、接收天线、金属管道和空间辐射等途径侵入建筑物内,威胁室内电子设备的正常工作和安全运行。

1.3.1 电动力的作用

由安培定律可知,载流导体周围的空间存在磁场,在磁场中,不与磁力线相平行的载流导体将受到磁场力的作用。当导体 A、B 都有电流时,导体 A 的电流产生的磁场将作用于导体 B 上,同理,导体 B 的电流产生的磁场也将作用于导体 A 上,两根载流导体相互间的作用力就为电动力。相邻导体受电动力作用的大小,由安培力公式可知:

$$F = IBL\sin\theta \tag{1-3}$$

式中:I 为电流强度;B 为磁场强度;L 为导体有效长度;θ 为载流导体与磁力线的夹角。

受电动力作用的大小除与电流、磁场强度、有效长度有关外,还与载流导体和磁力线的夹角有关,当载流导体垂直于磁力线时,受力最大,当与之平行时,受力为零。因此,当两相邻导体相互平行时,彼此垂直于磁力线,受力最大。根据安培定律推导,如图1-3所示的两根平行导体,电流分别为i_1、i_2,间距为d时,导体所受的电动力用下式计算:

$$F = 1.02 \frac{2l_0}{d} i_1 \times i_2 \times 10^{-8} \tag{1-4}$$

由左手定则可以判定,当两根平行导体中电流方向一致时,电动力相向,迫使两平等导体靠拢;当电流方向相反时,电动力的方向也相反,迫使两平等导体分开。发生雷击时,由于雷电流峰值很大,作用时间短,产生的电动力有冲击特性,导体可能由于电动力的作用而产生损坏。

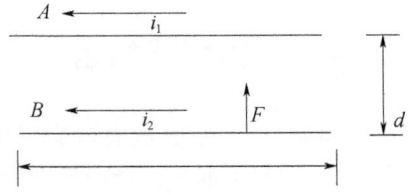

图1-3 平行导体受的电动力

1.3.2 热效应及冲击波的作用

雷电流的机械作用破坏被击物体是由于雷击后雷电泄放通道的水分在雷电流的作用下剧烈膨胀,水分剧烈蒸发而引发被击物爆裂,呈现出雷击的树木树干裂开、混凝土构件碎裂的现象,如雷击点有可燃性气体或液体,极易使其点燃,发生爆炸和火灾。雷击地面体产生的热量在短时间内无法散发,使用雷电泄放通道的温度瞬时升高,使物体发生熔化、汽化、燃烧,由焦耳定律可计算一次雷击所产生的热量。

$$Q = R \int^t i^2 \, dt \tag{1-5}$$

式中:Q——发热量(J);
R——雷电流通道的电阻(Ω);
i——雷电流的强度(A);
t——雷电流的持续时间(s)。

由于雷电流强度大,时间短,被雷击物体瞬间产生的热量不能及时散发,能量便以热能、机械能、电磁能等方式散布并作用到被击物体上。雷电流的作用时间短,散热可以忽略,雷电流所引起的温度升高值可用下式计算:

$$\Delta t = \frac{Q}{mc} \tag{1-6}$$

式中:Δt——温度升高值(K);
m——雷电流通过的物体质量(kg);
c——雷电流通过的物体的比热[J/(kg·K)]

当雷电流流过金属体时,根据公式计算其温度升高值。如果金属体的截面积不够大时,升高的温度可使金属熔化,大规模集成电路的接口可能损坏。

雷电发生时,由于雷电流通道中空气受热剧烈膨胀,以超声速度向四周扩散,通道外围附近的冷空气被瞬间压缩形成激波,激波到达的地方,空气的密度、压力、温度都会突然增加,激波过后该区域内空气压力下降并低于大气压而形成冲击波。冲击波在空气中传播,对建筑物、人、牲畜等产生伤害,这种冲击波效应的破坏作用如同炸药爆炸时产生的冲击波损害原理一样。

1.3.3 静电及电磁感应作用

当空中有带电的雷雨云出现时,雷雨云下的地面及建筑物等,都由于静电感应的作用而带上相反的电荷。由于从雷雨云生成,发展到成熟发生闪电的时间相对于发生主放电过程的时间要长得多,因而大地及建(构)筑物就有更多的时间感应并积累大量与雷雨云相反的电荷。当金属屋面、输电线路或其他导体处于雷雨云与大地之间的电场中,导体就会感应出与雷雨云性质相反的束缚电荷,发生闪击后雷雨云所带的电荷,通过闪电通道与地面异种电荷迅速中和,云与大地间的电场也就突然消失。而当导体与大地的电阻比较大时,导体上的感应电荷不能立即消散而产生较高的对地电位。这个电位差从雷击发生开始随时间的推移而下降,与 RC 电路的放电规律相符合,即:

$$V_c = V e^{\frac{t}{RC}} \quad V = \frac{Q}{C} \tag{1-7}$$

此时,导体上的束缚电荷变成自由电荷,向导体的两端流动,形成感应过电压波,这种感应高电压在高压架空输电线路上可达 300~400 kV,一般配电线路由于悬挂高度低,漏电大,感应过电压也可达 100 kV,通信线缆一般为 40~60 kV,建(构)筑物也可能产生很高的危险电压,这种静电感应过电压对接地不良的电气系统产生破坏,使接地不良的金属构件间产生电火花,如在易燃易爆场所,将引发燃烧或爆炸的严重后果。

雷电发生前会发生静电感应,而雷击发生时,由于雷雨云放电时间短,从而雷电流有极大的峰值和陡度,在雷击通道周围的空间产生强大的变化电磁场,位于电磁场中的导体将感应出较大的电动势。图 1-4 中将一个开口的金属环放置于雷电流引下线附近,环上的感应电压使气隙放电,放电间隙产生电火花,如在易燃易爆场所,电火花可以引起火灾和爆炸。

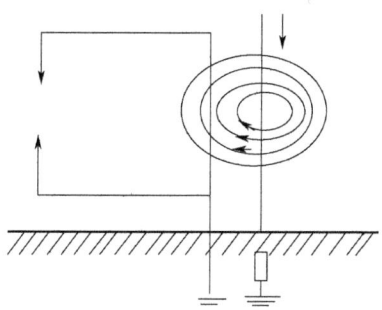

图 1-4 电磁感应原理图

当回路中有接触不良的导体时,将产生热量而引起易燃物品燃烧。由电磁感应定律可知,开口金属环上的最大感应电压为:

$$E_m = -M \frac{di}{dt} \tag{1-8}$$

当不考虑电压的方向时: $E_m = M \dfrac{di}{dt}$

式中: E_m——感应电势;

M——互感系数;

$\dfrac{\mathrm{d}i}{\mathrm{d}t}$——雷电流陡度。

由雷电引起的静电感应和电磁感应统称为间接雷击,也叫二次雷击。它虽然没有直接雷击猛烈,但它发生的概率比直接雷击高得多。相比之下,直接雷击只是雷云对地放电发生闪击时才对地面产生破坏,而间接雷击则是当雷雨云对地闪击时、雷雨云之间闪击时都发生感应而造成灾害。同时感应高电压可以通过输电线缆、通信线缆等金属线缆传输到更远的地方,使雷害范围扩大。

为了防止雷电感应高电压产生的危害发生,将建筑物的金属屋顶、建筑物内大型金属构件等采取良好的接地措施,以便感应电荷快速流散。对较大开口的金属环,利用金属材料将其开口连接形成闭合环。

1.3.4 高电位引入与雷电反击

闪电击中防雷设施时,雷电流经接闪器、引下线、接地装置向大地流散,并在它们上面产生很高的电位。闪电发生前,雷击发生地已经感应出大量的电荷。当闪电发生时,地面大量的电荷在强电场的作用下,沿刚形成的闪电通道向上产生强烈的回击,引下线各点的对地高电压由回击的闪电电流决定。引下线的断开不能中断回击的闪电电流,向上回击的电流将击穿断口间隙冲向雷雨云,并在断口处产生强烈的电弧或电火花。当输电线路、通信线缆、无线接收设备的天馈线等金属线缆与泄流通道很近时,特别是当这些线缆绑扎在接闪器上时,雷击产生的高电位将沿金属线缆侵入室内对设备和人员造成损害,这就是常说的高电位引入。一般情况下,直接雷击的电压在几千伏至几百千伏,甚至更高,雷电流也往往是几十千安,甚至几百千安,如此高的强电流,高电压引入室内,其破坏力和损害面都是非常严重的。经统计,高电位引入所造成的设备损坏、人员伤亡、火灾等雷电事故占大多数,了解高电位引入的途径,对防备雷击高电位引入是十分必要的。因此,防雷技术规范中明文规定,输电线路、通信线缆、无线接收设备的天馈线等金属线缆严禁绑扎在接闪器上。

雷击发生时,除高电位引入外,就是雷电反击,雷电反击是指受直接雷击的物体在接闪瞬间与大地存在很高的电压,这个电压对其他与大地连接的物体发生闪络的现象叫作雷电反击。当雷电流经引下线泄流时,对于单根接闪器引下线上产生的电压可按下式计算:

$$U = iR_i + L_0 l \dfrac{\mathrm{d}i}{\mathrm{d}t} \tag{1-9}$$

式中:i——雷电流(kA);

R_i——接地装置的冲击电阻(Ω);

L_0——单位长度电感(H/m);

l——引下线的长度(m);

$\dfrac{\mathrm{d}i}{\mathrm{d}t}$——雷电流陡度(kA/$\mu$s)。

由式(1-9)可知,引下线上的电压由两部分组成,一部分是雷电流瞬时值的电阻电压降,另一部分是雷电流在引下线的电感上的电压降,与雷电流的陡度有关。我们知道,雷电流和雷电流波形的陡度是不同的,它们对空气间隙的击穿强度也不相同。对于空气,电阻电压降的击穿强度为500~600 kV/m,而电感电压降的击穿强度为1000~1200 kV/m。沿木材、砖等非金属材料的表面闪络强度分别为两种击穿强度的一半。为防止雷电反击的发生,应使防雷装置与建筑物及其金属构件保持一定的间隙距离,使它们之间的间隙闪络电压大于反击电压。即:

$$E \cdot S \geqslant U_{反击} \tag{1-10}$$

式中：E——间隙绝缘介质的击穿强度(kV/m)；

S——间隙距离(m)。

由于雷电电压大小的变化范围很大，为使各种建筑物及其金属构件能有效防止雷电反击，在因为条件限制无法达到公式计算的间隔距离时，就做好等电位连接，使防雷装置与建筑物及其金属构件成为等电位体，避免发生雷电反击。

总之，了解雷电的基础知识对提高防雷检测技术是必要的，防雷装置是综合雷电防护系统的俗称，雷击发生时，将雷电流看成一个电流发生器，分析计算雷电流在做了等电位连接的装置中的电流分布、电磁场分布、屏蔽效率、分流系数等参数，为服务对象提交参数准确、判定客观的检测技术报告，更好地为安全生产提供技术保障，最大限度地减少因雷击引发的安全生产事故发生。

第 2 章 防雷检测常用参数

防雷安全检测技术是要求检测人员对被检测物进行综合判定的测试技术。因此,防雷检测过程中,检测人员要根据测试对象的实际情况,计算避雷针的保护半径来判定被保护对象是否受防直击雷装置的保护,计算分流系数来推算磁场强度,从而判定室内电磁环境是否满足信息系统要求,计算接地装置的等效面积来判定是否安全有效。最后综合评价被保护对象的防雷装置是否符合国家现行防雷规范要求,为监管机构提供理论参数。

2.1 接闪器保护范围

在对一类防雷场所进行检测时,按国家现行防雷规范要求,绝大部分一类雷电防护场所都要求安装避雷针作为接闪装置,避雷针的布置方式和保护形式都要结合被保护对象的体量、高度、地理环境来设置避雷针,在设计避雷针时,要同时考虑避雷针的抗风压能力来决定其高度。

2.1.1 单支接闪杆的保护范围

单支接闪杆的保护范围如图 2-1 所示。

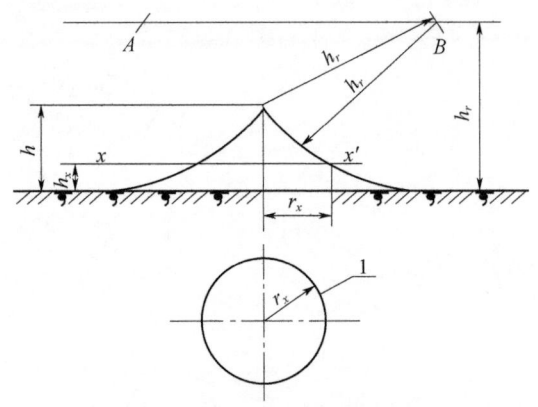

图 2-1 单支接闪杆的保护范围
1—xx'平面上保护范围的截面

①当接闪杆高度 h 小于或等于 h_r 时:距地面 h_r 处做一平行于地面的平行线。②以杆尖为圆心,h_r 为半径做弧线交于平行线的 A、B 两点。③以 A、B 为圆心,h_r 为半径做弧线,弧线与杆尖相交并与地面相切。弧线到地面为其保护范围。保护范围为一个对称的锥体。④接闪杆在 h_x 高度的 xx' 平面上和地面上的保护半径,应按下列公式计算:

$$r_x = \sqrt{h(2h_r - h)} - \sqrt{h_x(2h_r - h_x)} \tag{2-1}$$

$$r_0 = \sqrt{h(2h_r - h)} \tag{2-2}$$

式中：r_x——接闪杆在 h_x 高度的 xx' 平面上的保护半径(m)；

h_r——滚球半径，按规范《建筑物防雷设计规范》(GB 50057—2010)的规定取值。一类取值 30 m，二类取值 45 m，三类取值 60 m；

h_x——被保护物的高度(m)；

r_0——接闪杆在地面上的保护半径(m)。

当接闪杆高度 h 大于 h_r 时，在接闪杆上取高度等于 h_r 的一点代替单支接闪杆杆尖作为圆心。其余的做法应符合①的规定。④中的 h 用 h_r 代入。

2.1.2 两支等高接闪杆的保护范围

在接闪杆高度 h 小于或等于 h_r 的情况下，当两支接闪杆距离 D 大于或等于 $2\sqrt{h(2h_r-h)}$ 时，应各按单支接闪杆所规定的方法确定；当 D 小于 $2\sqrt{h(2h_r-h)}$ 时，应按下列方法确定。

1. $AEBC$ 外侧的保护范围，应按单支接闪杆的方法确定。两支等高接闪杆的保护范围如图 2-2 所示。

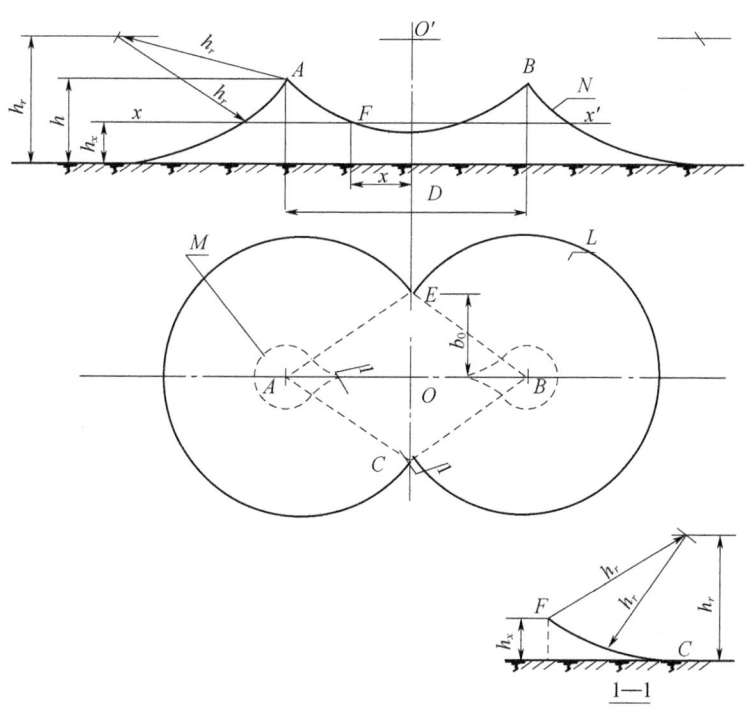

图 2-2　两支等高接闪杆的保护范围

(L：地面上保护范围的截面；M：xx' 平面上保护范围的截面；N：AOB 轴线的保护范围)

2. C、E 点应位于两杆间的垂直平分线上。在地面每侧的最小保护宽度应按下式计算：

$$b_0 = CO = EO = \sqrt{h(2h_r-h)-\left(\frac{D}{2}\right)^2} \tag{2-3}$$

3. 在 AOB 轴线上，距中心线任一距离 x 处，其在保护范围上边线上的保护高度应按下式计算：

$$h_x = h_r - \sqrt{(h_r-h)^2+\left(\frac{D}{2}\right)^2-x^2} \tag{2-4}$$

该保护范围上边线是以中心线距地面 h_r 的一点 O' 为圆心,以 $\sqrt{(h_r-h)^2+\left(\dfrac{D}{2}\right)^2}$ 为半径所做的圆弧 AB。

4. 两杆间 $AEBC$ 内的保护范围,ACO 部分的保护范围应按下列方法确定:

(1)在任一保护高度 h_x 和 C 点所处的垂直平面上,应以 h_x 作为假想接闪杆,并应按单支接闪杆的方法逐点确定(图 2-2 中 1—1 剖面图)。

(2)确定 BCO、AEO、BEO 部分的保护范围的方法与 ACO 部分的相同。

5. 确定 xx' 平面上的保护范围截面的方法。以单支接闪杆的保护半径 r_x 为半径,以 A、B 为圆心做弧线与四边形 $AEBC$ 相交;以单支接闪杆的 (r_0-r_x) 为半径,以 E、C 为圆心做弧线与上述弧线相交。

2.1.3 两支不等高接闪杆的保护范围

在 A 接闪杆的高度 h_1 和 B 接闪杆的高度 h_2 均小于或等于 h_r 的情况下,当两支接闪杆距离 D 大于或等于 $\sqrt{h_1(2h_r-h_1)}+\sqrt{h_2(2h_r-h_2)}$ 时,应各按单支接闪杆所规定的方法确定;当 D 小于 $\sqrt{h_1(2h_r-h_1)}+\sqrt{h_2(2h_r-h_2)}$ 时,应按下列方法确定,如图 2-3 所示。

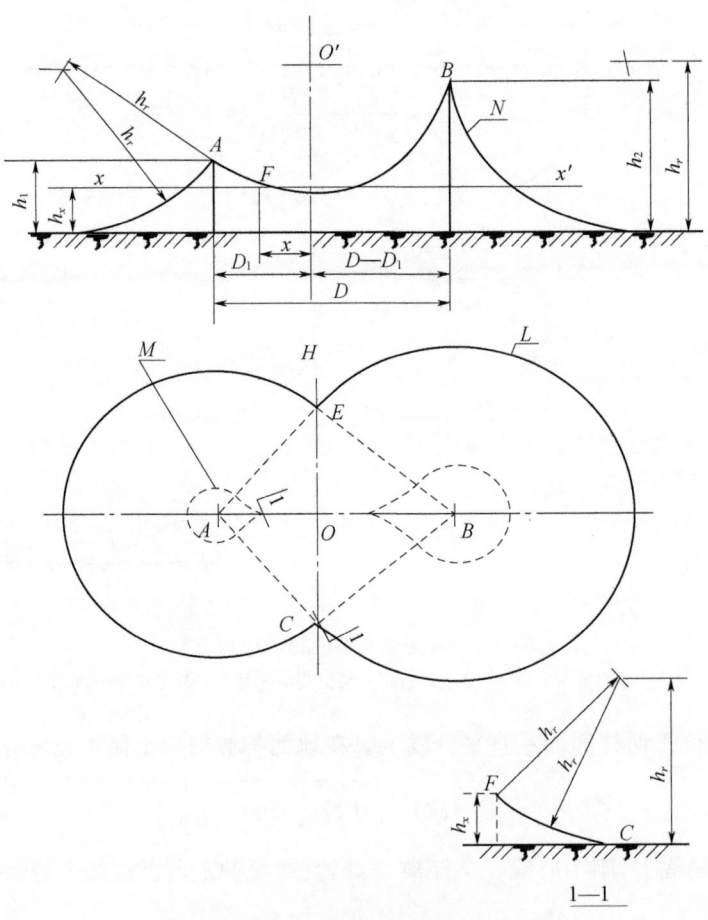

图 2-3 两支不等高接闪杆的保护范围
(L:地面上保护范围的截面;M:xx'平面上保护范围的截面;N:AOB 轴线的保护范围)

1. $AEBC$ 外侧的保护范围应按单支接闪杆的方法确定。

2. CE 线或 HO' 线的位置应按下式计算：

$$D_1 = \frac{(h_r-h_2)^2 - (h_r-h_1)^2 + D^2}{2D} \qquad (2\text{-}5)$$

3. 在地面每侧的最小保护宽度应按下式计算：

$$b_0 = CO = EO = \sqrt{h_1(2h_r-h_1) - D_1^2} \qquad (2\text{-}6)$$

4. 在 AOB 轴线上，A、B 间保护范围上边线位置应按下式计算：

$$h_x = h_r - \sqrt{(h_r-h_1)^2 + D_1^2 - x^2} \qquad (2\text{-}7)$$

式中：x——距 CE 线或 HO' 线的距离。

该保护范围上边线是以 HO' 线上距地面 h_r 的一点 O' 为圆心，以 $\sqrt{(h_r-h_1)^2 + D_1^2}$ 为半径所做的圆弧 AB。

5. 两杆间 $AEBC$ 内的保护范围，ACO 与 AEO 是对称的，BCO 与 BEO 是对称的，ACO 部分的保护范围应按下列方法确定：

(1) 在任一保护高度 h_x 和 C 点所处的垂直平面上，以 h_x 作为假想接闪杆，按单支接闪杆的方法逐点确定（图 2-3 的 1—1 剖面图）。

(2) 确定 AEO、BCO、BEO 部分的保护范围的方法与 ACO 部分相同。

6. 确定 xx' 平面上的保护范围截面的方法应与两支等高接闪杆相同。

2.1.4 矩形布置的四支等高接闪杆的保护范围

在 h 小于或等于 h_r 的情况下，当 D_3 大于或等于 $2\sqrt{h(2h_r-h)}$ 时，应各按两支等高接闪杆所规定的方法确定；当 D_3 小于 $2\sqrt{h(2h_r-h)}$ 时，应按下列方法确定。四支等高接闪杆的保护范围如图 2-4 所示。

1. 四支接闪杆外侧的保护范围应各按两支接闪杆的方法确定。

2. B、E 接闪杆连线上的保护范围见图 2-4 中 1—1 剖面图，外侧部分应按单支接闪杆的方法确定。两杆间的保护范围应按下列方法确定：

(1) 以 B、E 两杆杆尖为圆心、h_r 为半径做弧线相交于 O 点，以 O 点为圆心、h_r 为半径做弧线，该弧线与杆尖相连的这段弧线即为杆间保护范围。

(2) 保护范围最低点的高度 h_0 应按下式计算：

$$h_0 = \sqrt{h_r^2 - \left(\frac{D_3}{2}\right)^2} + h - h_r \qquad (2\text{-}8)$$

3. 图 2-4 中 2-2 剖面的保护范围，以 P 点的垂直线上的 O 点（距地面的高度为 $h_r + h_0$）为圆心，h_r 为半径做弧线，与 B、C 和 A、E 两支接闪杆所做的在该剖面的外侧保护范围延长弧线相交于 F、H 点。

F 点（H 点与此类同）的位置及高度可按下列公式计算：

$$(h_r - h_x)^2 = h_r^2 - (b_0 + x)^2 \qquad (2\text{-}9)$$

$$(h_r + h_0 - h_x)^2 = h_r^2 - \left(\frac{D_1}{2} - x\right)^2 \qquad (2\text{-}10)$$

4. 确定图 2-4 中 3-3 剖面保护范围的方法应符合 3 的规定。

5. 确定四支等高接闪杆中间在 h_0 至 h 之间与 h_y 高度的 yy' 平面上保护范围截面的方法

为以 P 点(距地面的高度为 h_r+h_0)为圆心、$\sqrt{2h_r(h_y-h_0)-(h_y-h_0)^2}$ 为半径做圆或弧线,与各两支接闪杆在外侧所做的保护范围截面组成该保护范围截面(图 2-4 中虚线)。

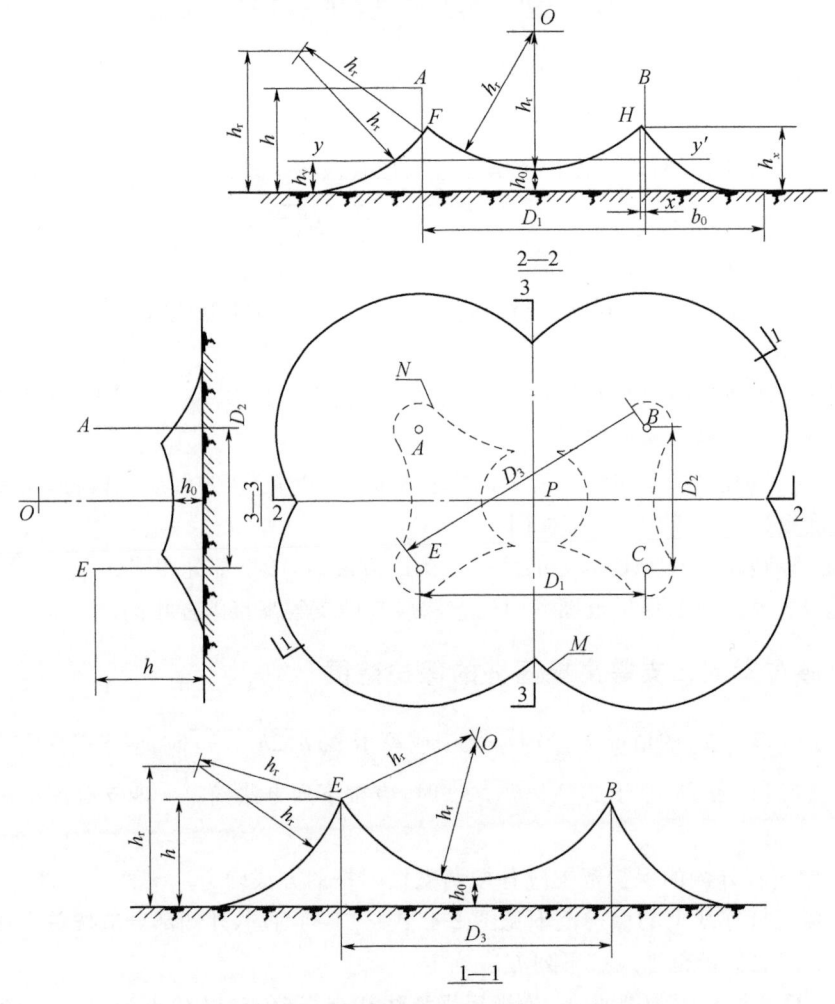

图 2-4 四支等高接闪杆的保护范围
(M:地面上保护范围的截面;N:yy'平面上保护范围的截面)

2.2 避雷针折线法与滚球法保护半径的对比计算

避雷针的保护半径各国的计算方法各有不同,大体上分为直线法、折线法、曲线法、滚球法。折线法计算避雷针的保护半径是我国早期防雷设计规范中使用的计算方法,实践证明其有一定的局限性,但在当时经济不发达的情况下适合我国国情。1994 年后,我国的建筑防雷设计规范开始采用滚球法计算避雷针的保护范围。但有的部门还一直在使用折线法来设计防雷设施的保护半径,因此,在防雷检测过程中,了解避雷针折线法与滚球法的差别,遵循安全、科学、合理、实用的原则对防雷设施做出正确判定,避免铺张浪费。本节以 110 kV 变电站为例进行对比计算。

2.2.1 折线法计算避雷针的保护半径

折线法计算单支避雷针的保护半径按下列方法确定,如图 2-5 所示。

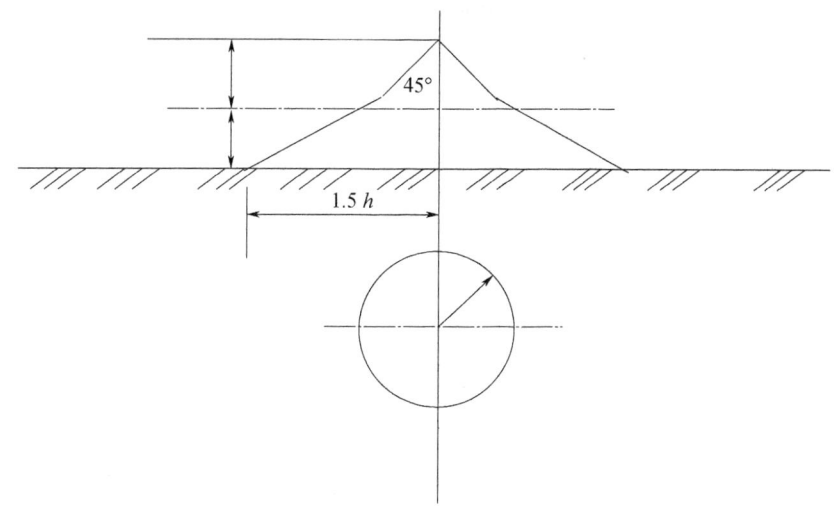

图 2-5 单支避雷针折线法的保护范围

(1)避雷针在地面上的保护半径

$$r=1.5h \tag{2-11}$$

式中:r——避雷针对地面的保护半径(m);
  h——避雷针对地面的高度(m)。

(2)避雷针在 h_x 高度的 xx' 平面上的保护半径按下式计算:

① 当 $h_x \geqslant h/2$ 时

$$r_x=h_a=h-h_x \tag{2-12}$$

式中:r_x——避雷针在 h_x 高度 xx' 平面上的保护半径(m);
  h_a——避雷针有效高度(m);
  h_x——被保护物高度(m)。

② 当 $h_x < h/2$ 时

$$r_x=1.5h-2h_x \tag{2-13}$$

③ 当 30 m≤h≤120 m 时,将式(2-11)、(2-12)、(2-13)求得的结果乘以高度系数 p。

$$p=5.5/\sqrt{h} \tag{2-14}$$

当高度超过 120 m 时,以上公式已不适合,目前电力系统各变电站采用的避雷针的高度都在 24~35 m。

2.2.2 折线法与滚球法的保护差距

由于 110 kV 变电站电气设备的高度约为 10 m,现就相同高度避雷针在相同保护高度的最低保护高度和保护宽度进行对比计算,两种保护方式所提供的保护范围将有所差距,这种差距将使变电站存在雷击隐患,图 2-6 为典型 110 kV 变电站避雷针布置图,表 2-1 为变电站避雷针距离参数。

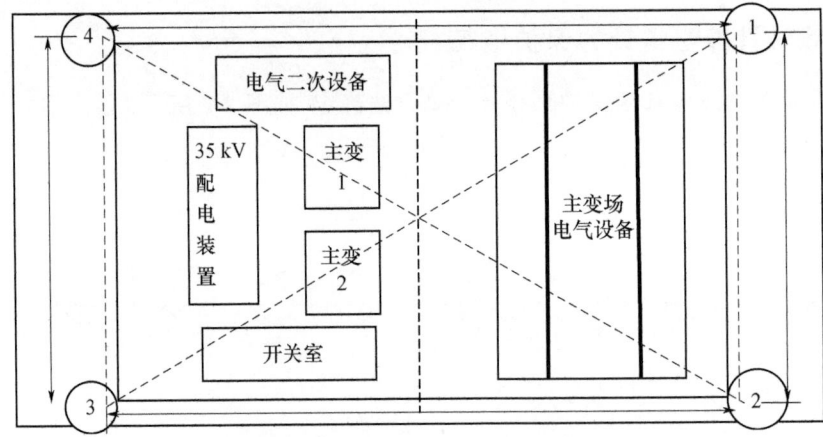

图 2-6 典型 110 kV 变电站避雷针布置图

表 2-1 变电站避雷针距离参数

避雷针	针高(m)	间距 D(m)	中心点位置(m)	被保护平面高度(m)
1#-2#	25	45.00	22.50	10
1#-3#	25	84.55	42.28	10
1#-4#	25	68.55	34.28	10
2#-3#	25	68.70	34.35	10
2#-4#	25	82.00	41.00	10
3#-4#	25	49.50	24.75	10

(1)折线法计算的避雷针的保护参数

1#-2#避雷针保护边缘最低点的最低保护高度：
$$h_{0(1-2)}=h-D/7=25-45/7=25-6.43=18.57 \text{ m}$$

1#-2#避雷针在 10 m 保护平面中心线上的最小保护宽度：
$$b_{x(1-2)}=1.5(h_{0(1-2)}-h_x)=1.5\times(18.57-10)=1.5\times8.57=12.86 \text{ m}$$

1#-3#避雷针保护边缘最低点的最低保护高度：
$$h_{0(1-3)}=h-D/7=25-84.55/7=25-12.08=12.92 \text{ m}$$

1#-3#避雷针在 10 m 保护平面中心线上的最小保护宽度：
$$b_{x(1-3)}=1.5(h_{0(1-3)}-h_x)=1.5\times(12.92-10)=1.5\times2.92=4.38 \text{ m}$$

1#-4#避雷针保护边缘最低点的最低保护高度：
$$h_{0(1-4)}=h-D/7=25-68.55/7=25-9.79=15.21 \text{ m}$$

1#-4#避雷针在 10 m 保护平面中心线上的最小保护宽度：
$$b_{x(1-4)}=1.5(h_{0(1-4)}-h_x)=1.5\times(15.21-10)=1.5\times5.21=7.82 \text{ m}$$

2#-3#避雷针保护边缘最低点的最低保护高度：
$$h_{0(2-3)}=h-D/7=25-68.70/7=25-9.81=15.19 \text{ m}$$

2#-3#避雷针在 10 m 保护平面中心线上的最小保护宽度：
$$b_{x(2-3)}=1.5(h_{0(2-3)}-h_x)=1.5\times(15.19-10)=1.5\times5.19=7.79 \text{ m}$$

2#-4#避雷针保护边缘最低点的最低保护高度：
$$h_{0(2-4)}=h-D/7=25-82.00/7=25-11.71=13.29 \text{ m}$$

2#-4#避雷针在 10 m 保护平面中心线上的最小保护宽度：
$$b_x(2-4)=1.5(h_{0(2-4)}-h_x)=1.5\times(13.29-10)=1.5\times 3.29=4.94 \text{ m}$$

3#-4#避雷针保护边缘最低点的最低保护高度：
$$h_{0(3-4)}=h-D/7=25-49.5/7=25-7.07=17.93 \text{ m}$$

3#-4#避雷针在 10 m 保护平面中心线上的最小保护宽度：
$$b_{x(3-4)}=1.5(h_{0(3-4)}-h_x)=1.5\times(17.93-10)=1.5\times 7.93=11.90 \text{ m}$$

经计算，折线法保护模式下的保护参数见表 2-2。

折线法认为，只要避雷针保护边缘最低点的最低保护高度大于被保护平面的高度，且在保护平面中心线上的最小保护宽度只要大于 0，则认为处于该平面内的所有被保护物都能得到避雷针的有效保护，经计算，110 kV 变电站在 10 m 高平面内的设备都能得到有效的防雷保护，但事实并非如此，变电站受直接雷击的危害在这样的保护模式下还是比较严重的。

表 2-2 折线法模式下避雷针保护参数

避雷针	针高(m)	间距 D(m)	最低保护高度(m)	最小保护宽度(m)	被保护平面高度(m)
1#-2#	25	45.00	18.57	12.86	10
1#-3#	25	84.55	12.92	4.38	10
1#-4#	25	68.55	15.21	7.82	10
2#-3#	25	68.70	15.19	7.79	10
2#-4#	25	82.00	13.29	4.94	10
3#-4#	25	49.50	17.93	11.90	10

(2)滚球法计算的避雷针的保护参数

110 kV 变电站属二类防雷建筑物，滚球半径为 45 m，则 25 m 高避雷针到地面的保护半径 r_0(m)：
$$r_0=\sqrt{h(2h_r-h)}=\sqrt{25\times(2\times 45-25)}=\sqrt{1625}=40.31 \text{ m}$$

1#-2#避雷针保护边缘最低点的最低保护高度：
$$h_{x(1-2)}=h_r-\sqrt{(h_r-h)^2+\left(\frac{D}{2}\right)^2}=45-\sqrt{(45-25)^2+\left(\frac{45}{2}\right)^2}=14.9 \text{ m}$$

1#-2#避雷针在地面上每侧的最小保护宽度：
$$b_{0(1-2)}=\sqrt{h(2h_r-h)-\left(\frac{D}{2}\right)^2}=\sqrt{25\times(90-25)-\left(\frac{45}{2}\right)^2}=\sqrt{1625-506.25}=33.44 \text{ m}$$

1#-3#避雷针保护边缘最低点的最低保护高度：
$$h_{x(1-3)}=h_r-\sqrt{(h_r-h)^2+\left(\frac{D}{2}\right)^2}=45-\sqrt{(45-25)^2+\left(\frac{84.55}{2}\right)^2}=45-46.77=-1.77 \text{ m}$$

此计算值说明避雷针已不能对地面上任何物体提供防雷保护。

1#-3#避雷针在地面上每侧的最小保护宽度：
$$b_{0(1-3)}=\sqrt{h(2h_r-h)-\left(\frac{D}{2}\right)^2}=\sqrt{25\times(90-25)-\left(\frac{84.55}{2}\right)^2}=\sqrt{1625-1787.18}=\text{不存在(公式失效)}$$

1#-4#避雷针保护边缘最低点的最低保护高度：
$$h_{x(1-4)}=h_r-\sqrt{(h_r-h)^2+\left(\frac{D}{2}\right)^2}=45-\sqrt{(45-25)^2+\left(\frac{68.55}{2}\right)^2}=45-\sqrt{400+1174.77}=5.32 \text{ m}$$

1#-4# 避雷针在地面上每侧的最小保护宽度：

$$b_{0(1-4)}=\sqrt{h(2h_r-h)-\left(\frac{D}{2}\right)^2}=\sqrt{25\times(90-25)-\left(\frac{68.55}{2}\right)^2}=\sqrt{1625-1174.77}=21.21\text{ m}$$

2#-3# 避雷针保护边缘最低点的最低保护高度：

$$h_{x(2-3)}=h_r-\sqrt{(h_r-h)^2+\left(\frac{D}{2}\right)^2}=45-\sqrt{(45-25)^2+\left(\frac{68.70}{2}\right)^2}=45-\sqrt{400+1179.92}=5.26\text{ m}$$

2#-3# 避雷针在地面上每侧的最小保护宽度：

$$b_{0(2-3)}=\sqrt{h(2h_r-h)-\left(\frac{D}{2}\right)^2}=\sqrt{25\times(90-25)-\left(\frac{68.70}{2}\right)^2}=\sqrt{1625-1179.92}=21.09\text{ m}$$

2#-4# 避雷针保护边缘最低点的最低保护高度：

$$h_{x(2-4)}=h_r-\sqrt{(h_r-h)^2+\left(\frac{D}{2}\right)^2}=45-\sqrt{(45-25)^2+\left(\frac{82.00}{2}\right)^2}=45-45.61=-0.61\text{ m}$$

此计算值说明避雷针已不能对地面上任何物体提供防雷保护。

2#-4# 避雷针在地面上每侧的最小保护宽度：

$$b_{0(2-4)}=\sqrt{h(2h_r-h)-\left(\frac{D}{2}\right)^2}=\sqrt{25\times(90-25)-\left(\frac{82.00}{2}\right)^2}=\sqrt{1625-1681}=\text{不存在（公式失效）}$$

3#-4# 避雷针保护边缘最低点的最低保护高度：

$$h_{x(3-4)}=h_r-\sqrt{(h_r-h)^2+\left(\frac{D}{2}\right)^2}=45-\sqrt{(45-25)^2+\left(\frac{49.55}{2}\right)^2}=45-\sqrt{400+613.80}=13.16\text{ m}$$

3#-4# 避雷针在地面上每侧的最小保护宽度：

$$b_{0(3-4)}=\sqrt{h(2h_r-h)-\left(\frac{D}{2}\right)^2}=\sqrt{25\times(90-25)-\left(\frac{49.55}{2}\right)^2}=\sqrt{1625-613.80}=31.79\text{ m}$$

经计算，滚球法保护模式下的保护参数见表 2-3。

表 2-3 滚球法模式下避雷针保护参数

避雷针	针高(m)	间距 D(m)	最低保护高度(m)	最小保护宽度(m)	被保护平面高度(m)
1#-2#	25	45.00	14.90	33.45	10
1#-3#	25	84.55	-1.76	不存在	10
1#-4#	25	68.55	5.32	21.22	10
2#-3#	25	68.70	5.25	21.1	10
2#-4#	25	82.00	-0.62	不存在	10
3#-4#	25	49.50	13.16	31.8	10

滚球法真实体现了避雷针并不是高度越高其保护范围越大的客观事实，多针联合保护时，其保护范围、最低保护高度、最小保护宽度受 $r_0=\sqrt{h(2h_r-h)}$ 的限制，只有当间距 D 小于 $2r_0$ 时，才可能存在保护模式，但能否保护被保护平面高度的设备、设施的主要参数是最低保护高度。滚球法规定，只有最低保护高度大于被保护平面高度时，被保护平面内的设备、设施才能受避雷针的防直击雷保护，但保护效果（拦截率）不可能达到 100%。

2.2.3 折线法与滚球法的保护差距

折线法与滚球法两种保护模式在理论基础上都出现偏差。折线法是定义在避雷针高与保护范围成正比的理论基础上，规定其保护角度按防雷类别依次分为一类 30°保护角；二类 45°

保护角;三类60°保护角。在保护类别确定的情况下,避雷针越高,其保护范围就越大。滚球法是定义在避雷针高与保护范围呈二次方根关系的理论基础上,避雷针的保护范围在一定范围内跟避雷针高呈二次函数关系,但是受滚球半径的约束,规定其滚球半径按防雷类别依次分为一类30 m;二类45 m;三类60 m,当避雷针高度大于2倍滚球半径时,数学表达式失效,说明在此保护模式下,避雷针的保护范围与避雷针高不是正比关系,从表2-4中可反映其实际情况。最小保护高度如图2-7所示。

表2-4 折线法与滚球法模式下避雷针保护参数差距

避雷针	折线法 最低保护高度(m)	折线法 最小保护宽度(m)	滚球法 最低保护高度(m)	滚球法 最小保护宽度(m)
1#-2#	18.57	12.86	14.90	33.45
1#-3#	12.92	4.38	−1.76	不存在
1#-4#	15.21	7.82	5.32	21.22
2#-3#	15.19	7.79	5.25	21.1
2#-4#	13.29	4.94	−0.62	不存在
3#-4#	17.93	11.90	13.16	31.8

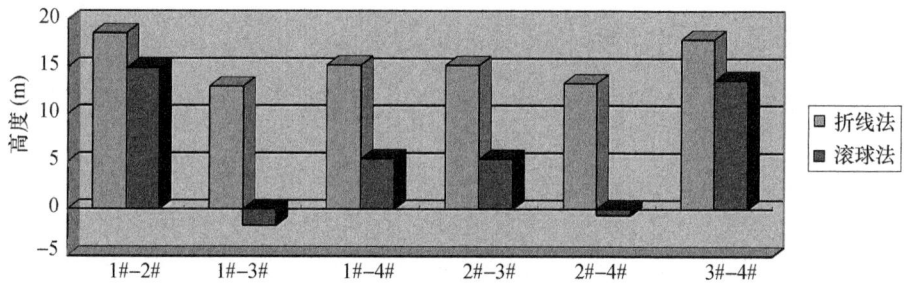

图2-7 最小保护高度

从图2-7、表2-4中可以看出,两种保护模式的最小保护高度存在较大差距,在相同间距、相同避雷针高度、相同保护平面高度的情况下,折线法能保护的平面,滚球法不一定能保护,但滚球法能保护的平面,折线法一定能保护。同时,经过计算分析,滚球法计算避雷针的保护范围时,当两针间距大于 $r_0 = \sqrt{h(2h_r - h)}$ 的2倍时,其最低保护高度为负值,说明其高度在地平面以下,此时的避雷针对地面上的任何设备、设施提供不了任何保护。当计算其最小保护宽度时,由于在相对应的滚球半径下保护高度为负值,最小保护宽度将不存在,在数学表达式上反映为公式失效。

对于供电系统来说,雷电对其危害体现得最早,因此,用避雷针来保护变电站免受直击雷的危害也是供电部门最早采用,在我国还没有确定国家防雷规范标准时,供电部门就采用折线法的保护模式来设置避雷针对变电站提供防雷保护。20世纪90年代以后,我国逐渐确定和完善相关规范标准,供电部门也修订和完善DL系列的相关行业标准,并在相关条款中说明变电站的防雷保护采用滚球法,但在实际的设计和施工实践中,各电压等级变电站的防雷保护仍然采用折线法来计算,这主要是基于两大因素。

一是历史因素。20世纪90年代以前,我国的电力系统变电站的最大变电等级为35 kV,采用折线法模式来设置变电站避雷针在当时的条件下还是相对实用的。在35 kV向110 kV及以上电压级过渡的时期,全国成千上万座变电站建成并投入使用,如果全部按滚球法模式来设置避雷针,其整改所需费用将是一个不小的数字。

二是习惯因素。设计人员在设计时通常采用习惯行为,现行 DL 规范标准中明确要求按 GB 50057 标准设计各电压等级变电站的防直击雷避雷针,但各电力设计院(所)还是采用折线法模式来设计变电站避雷针。设计人员认为,雷电直接击中设备是小概率事件,但是每年因雷电造成的供电事故随电压等级的大幅提高也不断增加,然而并没有引起足够重视,反而认为是电力设备的耐雷电流及耐浪涌的水平差,只有当变电站受直接雷击并造成重大事故时才会按国家标准重新整改该变电站的防直击雷避雷针。

从对比计算来看,由于现在大多数变电站的位置环境都会受到不同程度的制约,按规范中规定的避雷针要求可能无法满足。随着不等间距接地网的推广采用,可以允许防直击雷避雷针直接接入主地网。从多座变电站施工实践来看,现在大多数 110 kV 以上电压等级变电站的避雷针都可以安装在门形杆上,输电线路初(始)塔的避雷线也同样接入主地网。因此,了解折线法与滚球法的防直击雷保护差距,更容易实现变电站防直击雷保护中重点与全局的兼顾。

2.3 磁场强度的估算

2.3.1 分流系数 k_c

单根引下线时,分流系数应为 1;两根引下线及接闪器不成闭合环的多根引下线时,分流系数可为 0.66,也可按图 2-8 计算确定,图 2-8(c)适用于引下线根数 n 不少于 3 根,当接闪器成闭合环或网状的多根引下线时,分流系数可为 0.44。

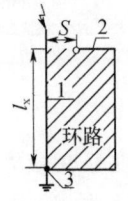
(a)单根引下线

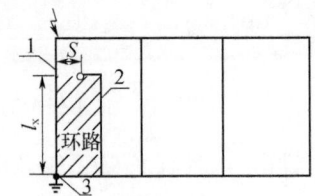
(b)两根引下线及接闪器不成闭合环的多根引下线

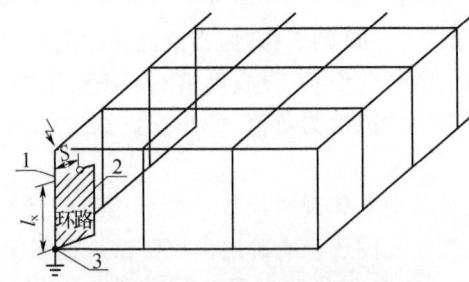
(c)接闪器成闭合环或网状的多根引下线

图 2-8 分流系数 k_c
(1:引下线;2:金属装置或线路;3:直接连接或通过电涌保护器连接)

注:1. S 为空气中间隔距离,l_x 为引下线从计算点到等电位连接点的长度;
2. 本图适用于环形接地体,也适用于各引下线设独自的接地体且各独自接地体的冲击接地电阻与邻近的差别不大于 2 倍;若差别大于 2 倍时,$k_c=1$;
3. 本图适用于单层和多层建筑物。

当采用网格型接闪器、引下线用多根环形导体互相连接、接地体采用环形接地体,或利用建筑物钢筋或钢构架作为防雷装置时,分流系数 k_c 宜按图 2-9 确定。

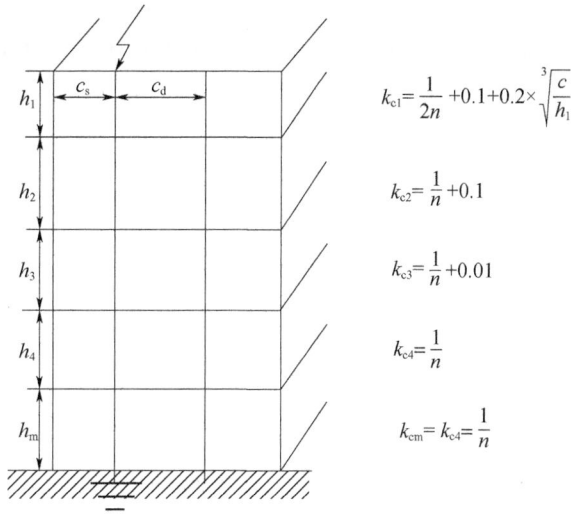

图 2-9　分流系数 k_c

注:1. $h_1 \sim h_m$ 为连接引下线各环形导体或各层地面金属体之间的距离,c_s、c_d 为某引下线顶雷击点至两侧最近引下线之间的距离,计算式中的 c 取二者较小值,n 为建筑物周边和内部引下线的根数且不少于 4 根。c 和 h_1 取值范围在 3～20 m。

2. 本图适用于单层至高层建筑物。

在接地装置相同的情况下,即采用环形接地体或各引下线设独自接地体且其冲击接地电阻相近,按图 2-8 和图 2-9 确定的分流系数不同时,可取较小者。

单根导体接闪器按两根引下线确定时,当各引下线设独自的接地体且各独自接地体的冲击接地电阻与邻近的差别不大于 2 倍时,可按图 2-10 计算分流系数;若差别大于 2 倍时,分流系数应为 1。

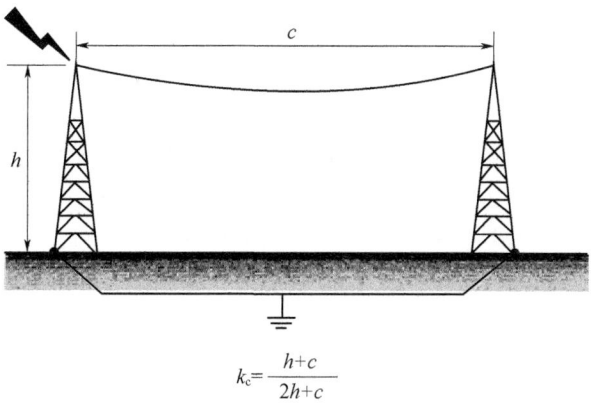

图 2-10　分流系数 k_c

分流系数的确定,主要是为计算室内磁场强度是否满足信息系统的要求,分流系数最大为 1,分流系数越小,泄流导体上的电流也就越小,其产生的磁场强度也会越小。

2.3.2 室内磁场强度

雷击是一个小概率事件,但在防雷技术服务中,主要考虑当这个小概率事件发生时,雷电流泄放时生产的磁场强度对室内信息系统的影响。在附近雷击情况下,磁场可近似看作一个平面波。

雷击所致的磁场强度最大值由首次雷击产生,图 2-11 中分别列出了雷击点与场区建(构)筑物距离为 30 m、50 m、100 m、200 m、300 m、500 m、1000 m、2000 m 时,建筑物处无衰减的磁场强度 H_0。

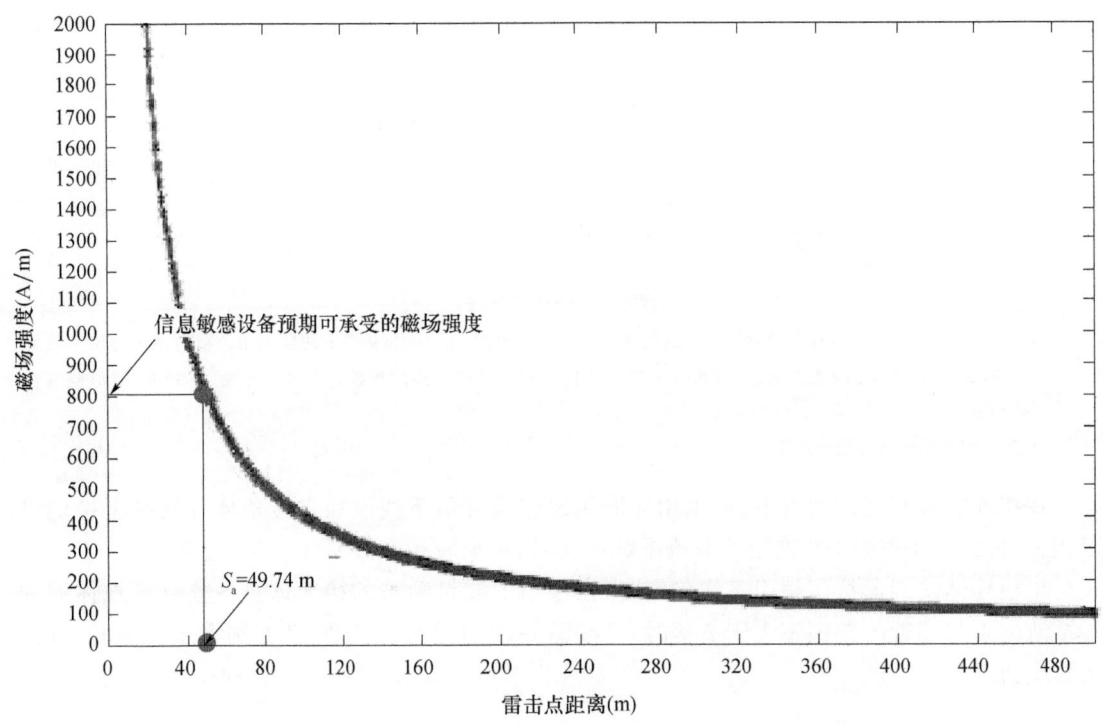

图 2-11　不同雷击点在建筑物内部产生的无衰减磁场强度($i_0 = 250$ kA)

2.4　接地与土壤电阻率

在防雷检测过程中,当土壤环境、地理环境、地质环境受限制时,需要分析接地装置与土壤电阻率的关系,用计算结果来判定是否满足规范要求和是否增加接地装置,减少不必要的浪费。

(1)当土壤电阻率小于或等于 500 Ω·m 时,对环形接地体所包围面积的等效圆半径小于 5 m 的情况,每一引下线处应补加水平接地体或垂直接地体。

(2)补加水平接地体时,其最小长度应按下式计算:

$$l_r = 5 - \sqrt{\frac{A}{\pi}} \tag{2-15}$$

式中:$\sqrt{\dfrac{A}{\pi}}$——环形接地体所包围面积的等效圆半径(m);

l_r——补加水平接地体的最小长度(m);

A——环形接地体所包围的面积(m^2)。

(3)补加垂直接地体时,其最小长度应按下式计算:

$$l_v = \frac{5-\sqrt{\frac{A}{\pi}}}{2} \quad (2-16)$$

(4)当土壤电阻率大于500 Ω·m、小于或等于3000 Ω·m,且对环形接地体所包围面积的等效圆半径符合下式的计算时,每一引下线处应补加水平接地体或垂直接地体:

$$\sqrt{\frac{A}{\pi}} < \frac{11\rho - 3600}{380} \quad (2-17)$$

(5)补加水平接地体时,其最小总长度应按下式计算:

$$l_r = \left(\frac{11\rho - 3600}{380}\right) - \sqrt{\frac{A}{\pi}} \quad (2-18)$$

(6)补加垂直接地体时,其最小总长度应按下式计算:

$$l_v = \frac{\left(\frac{11\rho - 3600}{380}\right) - \sqrt{\frac{A}{\pi}}}{2} \quad (2-19)$$

在工程实践中,温纳法和变频法是采集土壤电阻率数据的常用方法,主要是这两种方法测量土壤电阻率数据比较真实、可靠。但是,采用这两种方法测量土壤电阻率时,如果极间距离定界不准确,将产生较大的测量误差,同时这两种方法比较烦琐,而且对测量设备的要求也比较高。为了简化土壤电阻率测试,根据土壤电阻率模拟接地极测试法的理论依据,以及测试换算方法来测量土壤电阻率。

1. 水平模拟接地极测量土壤电阻率

下式为单根接地扁钢埋入地中后接地电阻的计算公式:

$$R = \frac{\rho}{2\pi L}\left(\ln\frac{L^2}{hd} + A\right) \quad (2-20)$$

式中:ρ——土壤电阻率(Ω·m);

L——模拟接地体长度(m);

h——水平接地体埋设深度(m);

d——接地体等效直径(m),扁钢取$\frac{d}{2}$;

A——水平接地体的形状系数,见表2-5。

表2-5 水平接地体形状系数 A 值

形状	─	∟	人	＋	※	※	□	○
A 值	0	0.378	0.687	2.14	5.72	3.81	1.69	0.48

为计算方便,根据表2-5我们实验时水平模拟接地极采用—40 mm×4 mm×1000 mm 镀锌扁钢(此时形状系数 $A=0$),式(2-20)变化为:

$$\rho = \frac{2\pi L}{\ln \frac{L^2}{hd}} R \qquad (2\text{-}21)$$

令 $\frac{2\pi L}{\ln \frac{L^2}{hd}} = K$，则

$$\rho = KR \qquad (2\text{-}22)$$

取模拟接地体长度 $L=1$ m，水平接地体埋设深度 $h=0.8$ m，计算 K 值：

$$K = \frac{2\pi L}{\ln \frac{L^2}{hd}} \approx 1.5187 \approx 1.5$$

则式(2-21)变化为：

$$\rho = 1.5187R \approx 1.5R$$

即：当采用－40 mm×4 mm×1000 mm 镀锌扁钢模拟接地极、埋地 0.8 m 深测量土壤电阻率时，所测得的模拟接地极的接地电阻值的 1.5 倍即是测量点的土壤电阻率。

2. 垂直模拟接地极测量土壤电阻率

单根垂直接地极接地电阻计算公式为：

$$R = \frac{\rho}{2\pi L} \ln \frac{4L}{d} \qquad (2\text{-}23)$$

变换后为：

$$\rho = \frac{2\pi L}{\ln \frac{4L}{d}} R \qquad (2\text{-}24)$$

式中：ρ——土壤电阻率($\Omega \cdot$m)；

L——模拟接地体打入地下的长度(m)；

d——接地体等效直径(m)。

令 $K = \frac{2\pi L}{\ln \frac{4L}{d}}$，取 $d=0.02$ m，$L=1.0$ m，则 $K \approx 1.158 \approx 1.2$。

式(2-24)简化为：

$$\rho = 1.2R (\Omega \cdot m)$$

为了取得不同深度土壤电阻率数值，使所测试的土壤电阻率更接近实际，测试时取模拟接地体打入地下的典型深度值在 0.3~2.0 m，相应系数 K 值见表 2-6。

表 2-6 典型深度系数 K 值

L 深度	0.3 m	0.6 m	0.8 m	1.0 m	1.5 m	2.0 m
系数 K 值	0.456	0.787	0.989	1.158	1.65	2.096

3. 模拟接地极测试的土壤电阻率与温纳法测量值比较

为了进一步验证土壤电阻率模拟接地极测试法的精度，我们模拟接地极法和温纳法进行了 10 年的对比实验，表 2-7 是采用垂直接地极测试法得出的不同土质在相同土壤情况下与温纳法测试的对比数据。

表 2-7 相同土壤条件下模拟法和温纳法的对比值

	田园土	沙质土	黄泥土	沙砾土	砂石土
模拟法($\Omega \cdot m$)	462	805	242	1241	984
温纳法($\Omega \cdot m$)	486	831	251	1256	996

从表 2-7 可知，相同土壤条件下模拟法和温纳法测试的土壤电阻率比较接近，两种方法的差值在 30 $\Omega \cdot m$ 以内，能够满足工程设计、施工要求。但温纳法测量的土壤电阻率需要四极电极，测试过程比较烦琐，用模拟测试法则简便、易操作，加上订正值即可得到比较真实的土壤电阻率数值。

第 3 章　建筑电气基础

3.1　电路的基本参数

3.1.1　电路的组成

电能可方便地转换成机械能、热能、光能、化学能等其他种类的能量，然而要进行电能的转换、传输、分配，就必须将各电气设施用导线或设备连接起来，组成电路才能实现。因此，电路是由电源、中间环节、负载组成，完成某种功能的整体。电源是指发电机及变压器等，中间环节是指导线、控制设备、保护设备、电缆等，负载是指各种用电设备。

在电力和一般用电系统中，电路起着传输、分配、转换电能的作用，发电厂的发电机组将水的位能、煤的热能、原子能等转换成电能，经过升压后通过高压输电网将电能输送到用电区域，再将电压降到用电设备所需要的电压等级，供用户使用。

因此，我们在对电路进行分析和计算时，计算的直接对象不一定是实际的电气设备，而是理想化的等效电路（电阻、电感、电容），然后再将分析和计算的结果运用到实际的电气设备，这样有利于提高分析问题的能力和效率。

3.1.2　电路的基本物理量

1. 电流

电路中的带电粒子受电场力的作用，形成有规则的定向运动称为电流。一般情况下，电流的大小随时间变化，它是时间的函数，用符号 $i(t)$ 表示，i 是瞬时电流。如果在一段时间内电流的大小不变，就称为直流电流，用符号 I 表示，直流电流的方向规定为正电荷运动的方向。电流的单位为 A（安培），辅助单位有 kA（千安）、mA（毫安）、μA（微安）。

2. 电位

电位表示电场中某一点位置的电位能，用符号 φ 表示，单位为 V。要确定某一点电位能的大小，就必须选择一个参考点作为比较的基准，通常是把电路中的接地点或线路公共点定为 0 V 的参考电位点，在防雷技术中，将总等电位连接点定为参考电位点，用 MEB 表示，当有 SPD 接入该参考点时，参考电位不再是 0 V，而是 SPD 的残压值。

在外电路，当电流方向从高电位指向低电位时，方向为正，反之为负，在电源内部，电流方向从低电位指向高电位时，方向为正，反之为负。

3. 电压

电压表示为电场力对运动电荷所做的功，电场力将单位电荷从电路的 a 点移到 b 点所做的功称为 ab 两点间的电压，用 U 表示，单位为 V（伏特），辅助单位有 kV（千伏）、mV（毫伏）、μV（微伏）。电压的方向规定为从高电位指向低电位为正方向，所以电压也称作电压降。

3.1.3 电流的热效应

电路在运行中只要导体内有电流流过,导体就会发热,如导体自身电阻为 R,消耗的电能全部转化为热能 Q,经过时间 t 后,其热量为：

$$Q = I^2 Rt \tag{3-1}$$

在建筑工程中,有一些负载是利用电流的热效应进行工作,但是大多数发热是有害的,影响设备的使用寿命和绝缘性能,通常电路有三种工作状态。

1. 开路状态

当电路的开关断开时,称为开路,其特点是电流为零,电路两端的电压值为电源两端的电动势,这种状态电路不工作也不发热。

2. 短路状态

当电路的两端点被低电阻率的导体连接时,称为短路,其特点是电流最大,如电阻消耗的电能全部转换成热能,则：$Q = I^2 Rt$,会损坏绝缘和设备,这也就是 GB 50057—2010 中规定的用圆钢作为接闪器时,其直径不小于 8 mm 的原因。如导体的直径过小,载流量不够,导体将被溶化,导致防雷设施失效。

3. 额定工作状态

用电设备一般都规定有额定电流,它是电气设备长时间工作时所容许通过的最大电流,用 I_N 表示,当实际电流小于 I_N 时称为轻载,大于 I_N 时称为过载,等于 I_N 时称为满载,在满载时就是额定工作状态。

3.1.4 基本定律

1. 欧姆定律

导体中电流 I 的大小与加在导体两端的电压成正比,与导体的电阻成反比,这个关系称为欧姆定律。欧姆定律是计算电路的最基本定律,有两种物理意义。

① 一段无源电路的欧姆定律。在闭合回路中的一段电路,如果不含电动势,仅有电阻,那么这段电路就称为一段无源电路,其关系式为：

$$I = U/R \tag{3-2}$$

② 全电路欧姆定律。图 3-1 为一简单的闭合回路,R_0 是电源内阻,R_i 是线路电阻,R 是负载电阻,根据式(3-2)可知电源内阻上的电压降为 $U_0 = IR_0$,供电线路上的电压降 $U_i = IR_i$,负载上的电压降 $U = IR$,所以,

$$E = IR_0 + IR_i + IR$$

或

$$I = E/(R + R_i + R_0) \tag{3-3}$$

式(3-3)称为全电路欧姆定律,通常将电动势 E 和内阻 R_0 视为常数,则负载的电压降与线路电阻及负载总电流有关。当负载有多个电阻并联时,用电电流就越大,线路电阻 R_i 的电压损失也越大,负载上的电压降就越小。

2. 基尔霍夫定律

① 基尔霍夫第一定律也称节点电流定律,指多个电流经过公共节点时,流入节点的电流之和等于流出节点的电流之和,即：

$$\sum I_{in} = \sum I_{out} \tag{3-4}$$

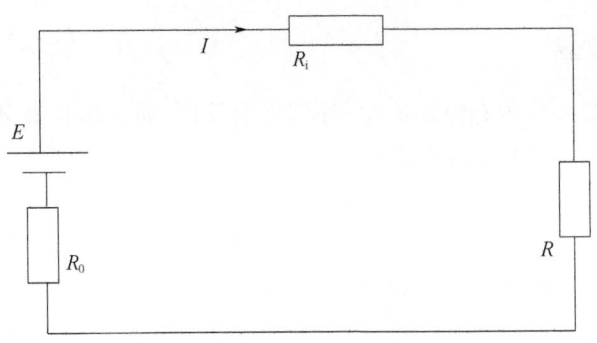

图 3-1 全电路示意图

如图 3-2 所示，$I=I_1+I_2$。

② 基尔霍夫第二定律也称回路电压定律，指沿任何一个闭合回路所升高的电位，必定等于沿此回路所降低的电位，即：

$$\sum E = \sum IR \tag{3-5}$$

由图 3-3 左回路可知，$E_1-E_2=I_1R_1-I_2R_2$。

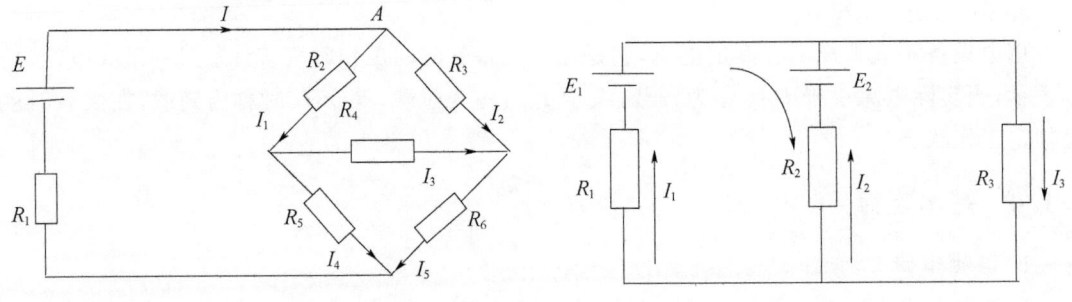

图 3-2　基尔霍夫第一定律示意图　　　　图 3-3　基尔霍夫第二定律示意图

综合利用基尔霍夫的两个定律，能计算复杂电路的电流或电压。

3.2　供电系统

供电系统按接地方式可分为 IT 系统、TN 系统、TT 系统。

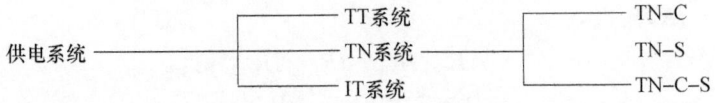

这些供电系统的符号的含义如下。

第一个字母说明电源与大地的关系：

T：电源的一点（通常是中性点）与大地直接接地；I：电源与大地隔离或电源的一点经高阻抗与大地连接。

第二个字母说明电气装置的外露导电部分与大地的关系：

T：外露导电部分直接接入大地，与电源的接地无关；N：外露导电部分通过与已经接地的电源中性点的连接而接地。

第三个字母说明 N 线与 PE 线的关系(仅用于 TN 系统)：
C:N 线和 PE 线共用一根导线,即 PEN;S:N 线和 PE 线分别设置。

3.2.1 TT 系统

电源的一点(通常是中性点)与大地直接接地。外露导电部分直接接入大地,与电源的接地无关,如图 3-4 所示。

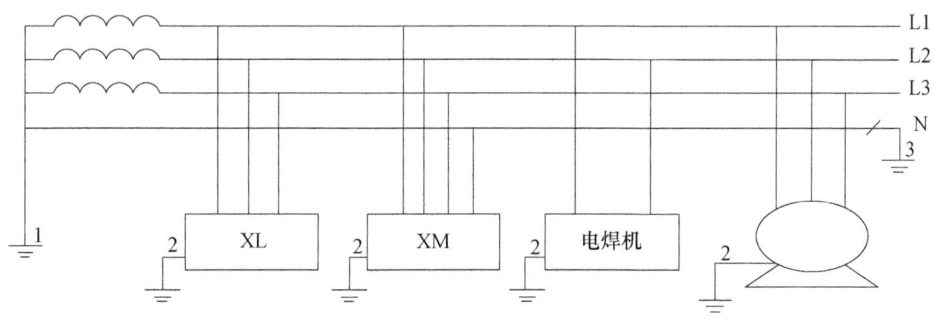

图 3-4　TT 供电系统
(1—工作接地;2—保护接地;3—重复接地)

TT 系统的特点如下：
(1)当电气设备金属外壳带电时,由于有接地保护,可以大大减少触电的危险,但低压断路器不一定跳闸而造成漏电设备外壳对地电压升高,因而并不安全；
(2)当漏电电流比较小时,即使有熔断器也不一定会熔断,因此还需要漏电保护器保护；
(3)接地装置耗用钢材多,费工费料。

3.2.2 TN 系统

TN 系统是指电源中性点接地,电气设备的金属外壳与工作零线相连接的接零保护系统。TN 供电系统根据保护零线是否与工作零线分开可分为 TN-C、TN-S 和 TN-C-S 三种。

1. TN-C 系统

TN-C 中的 C 表示它的工作零线 N 和保护线 PE 共用一根导线,称为保护中性线,用 PEN 表示,如图 3-5 所示。

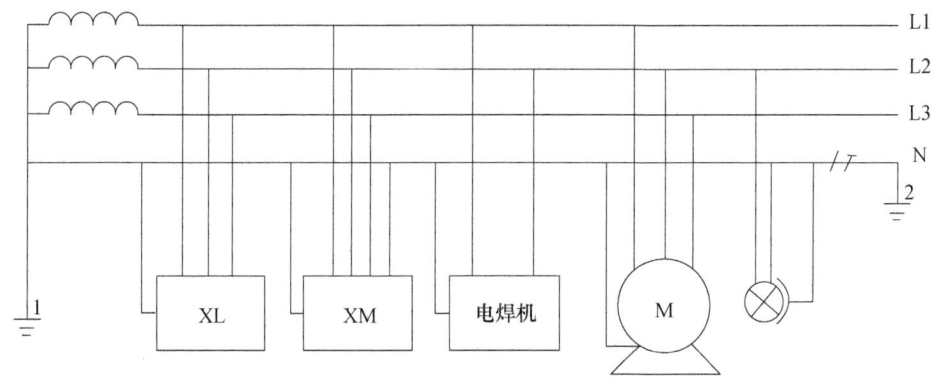

图 3-5　TN-C 供电系统
(1:工作接地;2:重复接地)

TN-C 系统的特点如下:

(1)当设备出现外壳带电,接零保护系统的漏电电流上升为短路电流,这个电流是 TT 系统的 5.3 倍,也就是单相对地短路故障,这样熔丝会熔断,自动开关会脱扣跳闸,故障设备断电,比较安全;

(2)由于三相负载不平衡时工作零线有不平衡电流,对地有电压,这时与保护线有连接的电气设备的金属外壳就存在一定的电压;

(3)TN-C 方式的供电系统只适应于三相负载基本平衡的用电系统。

2. TN-S 系统

TN-S 系统是把工作零线 N 和保护线 PE 严格分开的供电系统,如图 3-6 所示。

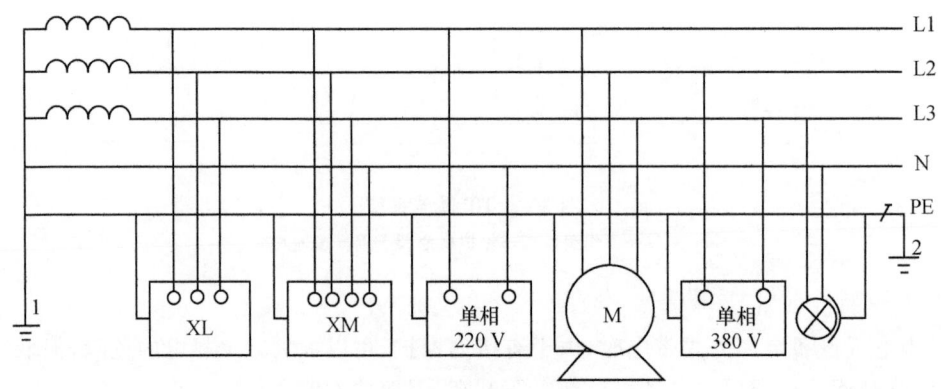

图 3-6　TN-S 供电系统
(1:工作接地;2:重复接地)

TN-S 供电系统的特点如下:

(1)系统正常运行时,PE 线上没有电流,只有工作零线上有平衡电流。即使相线与中性线短路,或中性线电位发生偏移,其危险电压也不会传到 PE 线上,最大限度地防止人身触电及电火花引起的火灾和爆炸事故,电气设备的金属外壳的接零保护是接在 PE 线上,因此提高了安全性;

(2)由于该系统的工作零线只用作照明等单相负载的回路线,当三相负载严重失衡时,工作零线对地会出现高电压,有可能导致检修人员触电的危险,因此,在总进线入户处或末级设备前端要设置四极或双极开关切断工作零线,开关使用量增加,成本增大;

(3)PE 线不允许断开,也不允许通过漏电开关;

(4)系统干线上使用漏电断路器时,工作零线不可以重复接地,PE 线可以重复接地,但不经过漏电断路器。所以 TN-S 系统供电干线上可以安装漏电保护器。

3. TN-C-S 系统

TN-C-S 系统是指供电系统中的前部分的工作零线 N 和保护地线 PE 共用一根线,而后部分从进户总配电箱开始将工作零线 N 和保护地线 PE 严格分开的供电系统,如图 3-7 所示。

TN-C-S 供电系统特点如下:

(1)从图 3-7 中可知,工作零线 N 与保护线 PE 是相连接的,因此该供电系统可以降低设备金属外壳的对地电压,但不能完全消除这个电压,当后部分供电线路过长时,设备金属外壳的对地电压就会越高,所以在 PE 线上应做重复接地;

（2）PE 线在任何时候都不得进入漏电断路器，因当漏电断路器跳闸时 PE 线将断开，也就是说，PE 线在任何时候都不得断线；

（3）PE 线除了在总配电箱处必须与 N 线相连接外，其余各分配电箱及各分支线路均不得使 PE 线和 N 线相连接；

（4）TN-C-S 系统必须做等电位连接，将各用户的 PE 线做重复接地，减少偏移电压对人员的危害。

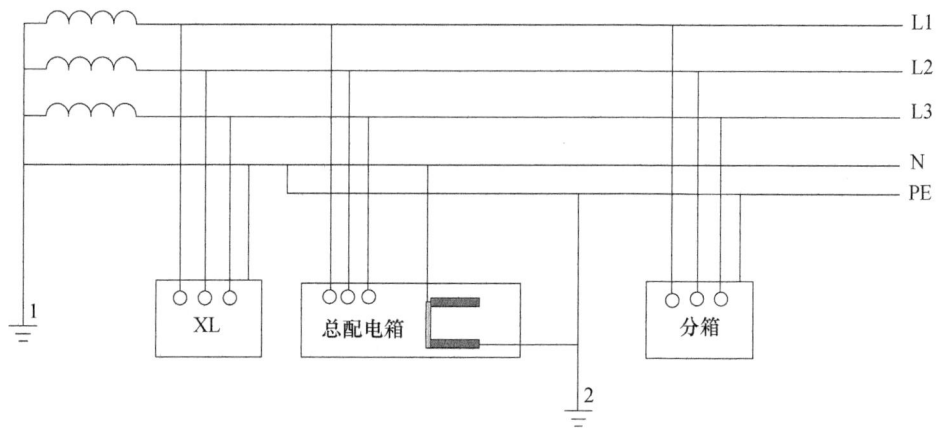

图 3-7　TN-C-S 供电系统
（1：工作接地；2：重复接地）

3.2.3　IT 供电系统

IT 供电系统是指供电电源侧没有工作接地，而负载侧有保护接地的供电系统。第一个字母 I 表示电源侧没有工作接地，第二个字母 T 表示负载侧电气设备进行保护接地，如图 3-8 所示。

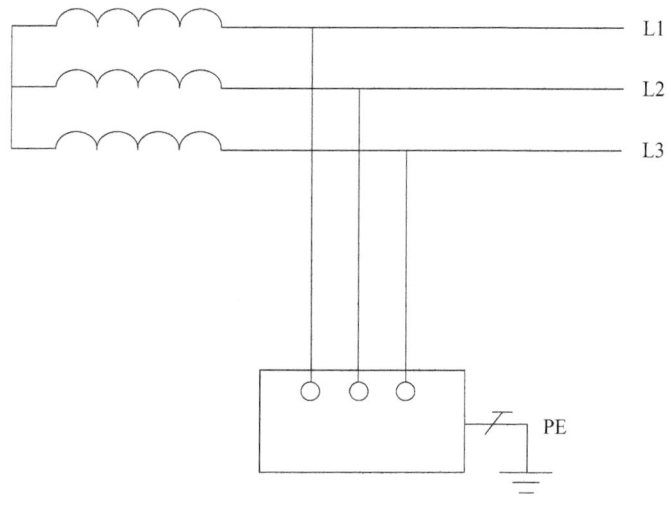

图 3-8　IT 供电系统

IT 方式的供电系统在供电距离不长时，可靠性好，安全系数高。一般用于不允许停电的场所或要求连续供电的地方，如炼钢电炉、医院手术室、地下矿井等。主要是电源中性点不接地,设备一旦漏电,单相对地漏电电流比较小,也不会破坏供电平衡。通常情况下,当IT系统发生接地故障时,接地故障电压不会超过50 V,不会产生间接电击危险。但当供电线路过长时,供电线路对大地存在较大的分布电容,当负载发生短路或漏电故障时,漏电流经大地形成回路,保护设备不一定动作,将产生危险电压。

3.3　建筑电气的减灾设计

　　建筑电气的减灾设计包括防触电、防雷击、防火灾、防盗窃、防爆炸等方面,建(构)筑物一旦竣工投入使用,将面临诸多考验,其中包括人为、自然、设备、材料等各种因素,自然因素有雷电和地震,人为的灾害主要有违反电气技术规程而造成电气短路、火灾、爆炸等。

　　防雷电的减灾设计主要包括接闪、引下、分流、接地、防浪涌等,其中,保护接地又包括保护性接地和功能性接地,但从安全角度考虑,单纯的接地保护方式是不可靠的,一般作为接零保护的辅助保护方式,采用接地又接零的保护方式比较安全,这时的接地属于重复接地。总之,现行建(构)筑物的防雷设计都根据其重要性、使用性质、发生雷电事故的可能性和后果,按防雷规范要求分类设计、分项要求,防雷减灾设计都包括防直击雷、防感应雷、防雷电波侵入、等电位连接(MEB)和局部等电位连接(LEB)等方面,这部分防雷减灾设计是各防雷检测机构主要的测试对象。

第4章 设计施工图的识别

施工图表达的是设计人员的设计思想和设计意图,施工单位用于指导施工建造,业主用施工图作为编制招标文件的依据。防雷检测技术服务于建筑工程领域,无论是检测技术人员还是管理人员,都应有一定的绘图和识图能力,否则将难以胜任工作。

各设计院(所)往往有不同的规定作图方法和习惯做法,但也有许多基本规定和格式是各种图样统一遵守的,如国家标准规定的图例、符号等,下面将介绍一些与电气识图有关的基础知识。

4.1 识图的基本概念

4.1.1 图幅尺寸

施工图的图幅一般分为6种,从0号图纸到5号图纸,具体尺寸见表4-1。

表4-1 图幅尺寸(mm)

图纸代号	0	1	2	3	4	5
宽×长	841×1189	594×841	420×594	297×420	210×297	148×210
边宽	10			5		
装订宽度	25					

各种图纸一般不加长,只有在必要时可按 $L/8$(L 为图长)的倍数适当加长,常见的是2号加长图,加长后的规格为 420 mm×668 mm,0号图纸一般不加长。

4.1.2 图标

图标相当于商品的商标或电气设备的铭牌,图标一般放在施工图的右下角,主要内容会因设计单位的不同而有所不同,大致包括施工图的名称、比例、项目设计编号、设计单位、设计人、制图人、专业负责人、工程负责人、审核人、校对人、完成日期等。

4.1.3 图线

图线是在设计施工图中使用的各种线条,根据不同的用途可分为粗实线、中实线、细实线、粗点画线、点画线、粗虚线、虚线、折断线。此外,电气专业常用的线型还有电话线、接地母线、电视天线、避雷线等多种特殊形式。

4.1.4 尺寸标注及比例

设计施工图的尺寸标注通常采用毫米(mm)为单位,在图纸上不再标明,只有总平面图采用米(m)为单位,但在图纸已标明,电气样图一般不标注尺寸。电气施工图常用的比例有1∶200、1∶150、1∶100、1∶50,大样图的比例可用1∶20、1∶10或1∶5,施工图有方位按国际惯例(上北下南,左西右东),有时为了使图面布局更加合理,也采用其他方位,但必须标明指北针。

4.1.5 设备材料表

为方便施工单位计算材料、采购电气设备、编制工程概(预)算和编制施工组织计划等方面的需要,电气施工图要列出主要设备材料表,表内列出全部电气设备材料的规格、型号、数量以及相关的重要数据,要求与施工图一致,且要按序号编写,材料表在电气施工图中是不可缺少的内容。

4.1.6 设计说明

施工图设计说明是用文字的方式说明一个建筑工程的建筑用途、结构形式、建筑面积、电气设备安装、设备的规格型号、工程特点、使用的新工艺、新技术及对材料的要求等。

4.2 施工图的分类

我们常见的施工图分两类:建筑工程施工图和机械工程施工图,建筑工程施工图按专业可划分为建筑施工图、结构施工图、电气施工图、采暖通风图、给排水施工图、工艺流程图等。防雷检测技术服务除了对这些分项图进行识别外,主要对电气施工图进行有效识别。电气部分是防雷检测的主要内容,同时,电气施工是建筑工程的有机组成部分。根据建筑物功能的不同,电气设计的内容也有所不同,通常可将电气施工图分为外线工程和内线工程两大部分。通常情况下,防雷检测主要针对内线部分,内线电气施工图分为照明系统图、动力系统图、配电系统图、消防系统图、有线电视系统图、通信系统图、保安系统图、接地系统图、防雷系统图等。具体到电气设备安装施工,按其表现内容不同分为平面图、大样图、二次接线图等。

4.3 施工图识别内容

防雷检测的主要目的是利用检测数据来评判检测对象是否符合国家现行防雷标准要求,同时,也是检验施工单位是否按原设计要求完成设计意图,检测人员是否能正确识别设计施工图的设计内容至关重要。从设计内容中了解接地布置方式、等电位体的连接方式、接闪装置的布置方式及类型、供电制式、SPD的安装方式等信息,还要根据建筑物体量或检测对象所处的位置环境对检测对象的预计雷击次数进行估算,正确对检测物的防雷类别进行判定,检测时对相应的防雷类别做出相应结论,科学、客观、公正地对检测对象的防雷装置进行综合评判。因此,对建筑施工图、结构施工图、电气施工图的识别尤为重要。

4.3.1 建筑施工图的识别

在防雷装置检测过程中,应识别建筑施工图中的建筑施工总说明和正立面图或设备布置分布图。建筑施工总说明是设计的总要求,包括总建筑面积、结构形式、各分项设计的内容等,识别的主要目的是了解建筑物的基本内容,掌握防雷检测所需的基本参数,以便订正不符合国家规范要求的参数,达到检测的目的和意义。以建筑物为例,设计总说明中所标明的建筑物高度是指建筑主体设计高度,但防雷参数的计算高度是正立面图中所标识的高度。正立面图主要标识建筑的外部形貌和顶部构造,一般用四个轴面来呈现建筑的整体外部形态,识别的主要目的是了解建筑物的外部是否有玻璃幕墙结构、建筑顶部的特征等,以便确定等电位连接方式、屋面防雷接闪器的布置方式和避雷网格的连接方式。对这两部分设计图识别的另一重要目的是计算检测对象的年预计雷击次数来判定防雷类别。建筑物年预计雷击次数应按下式计算:

$$N = k \times N_g \times A_e \tag{4-1}$$

式中:N——建筑物年预计雷击次数(次/a);

k——校正系数,在一般情况下取 1;位于河边、湖边、山坡下或山地中土壤电阻率较小处、地下水露头处、土山顶部、山谷风口等处的建筑物,以及特别潮湿的建筑物取 1.5;金属屋面没有接地的砖木结构建筑物取 1.7;位于山顶上或旷野的孤立建筑物取 2;

N_g——建筑物所处地区雷击大地的年平均密度[次/(km²·a)];

A_e——与建筑物截收相同雷击次数的等效面积(km²)。

雷击大地的年平均密度,首先应按当地气象台、站资料确定;若无此资料,可按下式计算:

$$N_g = 0.1 \times T_d \tag{4-2}$$

式中:T_d——年平均雷暴日,根据当地气象台、站资料确定(d/a)。

与建筑物截收相同雷击次数的等效面积应为其实际平面积向外扩大后的面积。其计算方法应符合下列规定。

1. 当建筑物的高度小于 100 m 时,其每边的扩大宽度和等效面积应按下列公式计算,如图 4-1 所示。

$$D = \sqrt{H(200-H)} \tag{4-3}$$

$$A_e = [LW + 2(L+W)\sqrt{H(200-H)} + \pi H(200-H)] \times 10^{-6} \tag{4-4}$$

式中:D——建筑物每边的扩大宽度(m);

L、W、H——分别为建筑物的长、宽、高(m)。

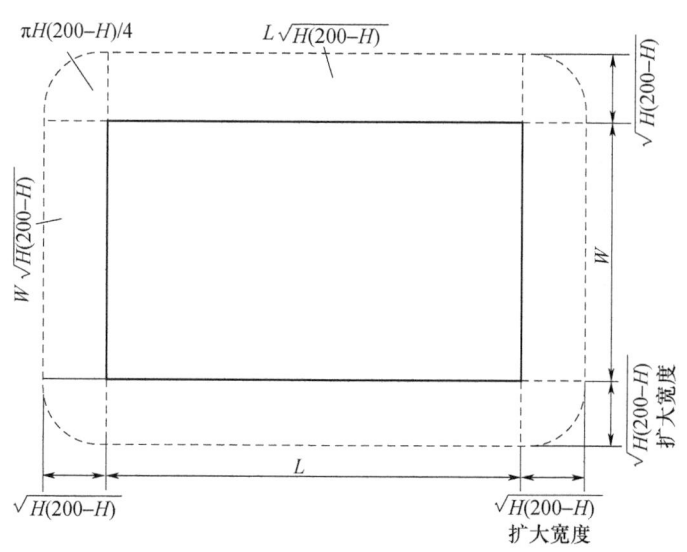

图 4-1 建筑物的等效面积

(建筑物平面面积扩大后的等效面积如图中周边虚线所包围的面积)

2. 当建筑物的高度小于 100 m,同时其周边在 2D 范围内有等高或比它低的其他建筑物,这些建筑物不在所考虑建筑物以 $h_r=100(m)$ 的保护范围内时,按式(4-4)算出的 A_e 可减去 $(D/2)×$(这些建筑物与所考虑建筑物边长平行以米计的长度总和)$×10^{-6}(km^2)$。

当四周在 2D 范围内都有等高或比它低的其他建筑物时,其等效面积可按下式计算:

$$A_e = \left[LW + (L+W)\sqrt{H(200-H)} + \frac{\pi H(200-H)}{4} \right] \times 10^{-6} \quad (4-5)$$

3. 当建筑物的高度小于 100 m,同时其周边在 2D 范围内有比它高的其他建筑物时,按式(4-5)算出的等效面积可减去 $D×$(这些建筑物与所考虑建筑物边长平行以米计的长度总和)$×10^{-6}(km^2)$。

当四周在 2D 范围内都有比它高的其他建筑物时,其等效面积可按下式计算:

$$A_e = LW \times 10^{-6} \quad (4-6)$$

4. 当建筑物的高度等于或大于 100 m 时,其每边的扩大宽度应按等于建筑物的高度计算;建筑物的等效面积应按下式计算:

$$A_e = [LW + 2H(L+W) + \pi H^2] \times 10^{-6} \quad (4-7)$$

5. 当建筑物的高度等于或大于 100 m,同时其周边在 2H 范围内有等高或比它低的其他建筑物,且不在所确定建筑物以滚球半径等于建筑物高度(m)的保护范围内时,按式(4-7)算出的等效面积可减去 $(H/2)×$(这些建筑物与所确定建筑物边长平行以米计的长度总和)$×10^{-6}(km^2)$。

当四周在 2H 范围内都有等高或比它低的其他建筑物时,其等效面积可按下式计算:

$$A_e = \left[LW + H(L+W) + \frac{\pi H^2}{4} \right] \times 10^{-6} \quad (4-8)$$

6. 当建筑物的高度等于或大于 100 m,同时其周边在 2H 范围内有比它高的其他建筑物时,按式(4-7)算出的等效面积可减去 $H×$(这些其他建筑物与所确定建筑物边长平行以米计的长度总和)$×10^{-6}(km^2)$。

7. 当建筑物各部位的高度不同时,应沿建筑物周边逐点算出最大扩大宽度,其等效面积应按每点最大扩大宽度外端的连接线所包围的面积计算。

通过计算建筑物的年预计雷击次数,根据建筑物的重要性、使用性质、发生雷电事故的可能性和后果,结合相关防雷规范要求对检测对象进行分类,按《建筑物防雷设计规范》(GB 50057—2010)规定,建筑物防雷类别可分为三类。

在可能发生对地闪击的地区,遇下列情况之一时,应划为第一类防雷建筑物。

(1)凡制造、使用或贮存火炸药及其制品的危险建筑物,因电火花而引起爆炸、爆轰,会造成巨大破坏和人身伤亡者。

(2)具有 0 区或 20 区爆炸危险场所的建筑物。

(3)具有 1 区或 21 区爆炸危险场所的建筑物,因电火花而引起爆炸,会造成巨大破坏和人身伤亡者。

在可能发生对地闪击的地区,遇下列情况之一时,应划为第二类防雷建筑物。

(1)国家级重点文物保护的建筑物。

(2)国家级的会堂、办公建筑物、大型展览和博览建筑物、大型火车站和飞机场、国宾馆、国家级档案馆、大型城市的重要给水泵房等特别重要的建筑物。

注:飞机场不含停放飞机的露天场所和跑道。

(3)国家级计算中心、国际通信枢纽等对国民经济有重要意义的建筑物。

(4)国家特级和甲级大型体育馆。

(5)制造、使用或贮存火炸药及其制品的危险建筑物,且电火花不易引起爆炸或不致造成巨大破坏和人身伤亡者。

(6)具有1区或21区爆炸危险场所的建筑物,且电火花不易引起爆炸或不致造成巨大破坏和人身伤亡者。

(7)具有2区或22区爆炸危险场所的建筑物。

(8)有爆炸危险的露天钢质封闭气罐。

(9)预计雷击次数大于0.05次/a的部、省级办公建筑物和其他重要或人员密集的公共建筑物以及火灾危险场所。

(10)预计雷击次数大于0.25次/a的住宅、办公楼等一般性民用建筑物或一般性工业建筑物。

在可能发生对地闪击的地区,遇下列情况之一时,应划为第三类防雷建筑物。

(1)省级重点文物保护的建筑物及省级档案馆。

(2)预计雷击次数大于或等于0.01次/a,且小于或等于0.05次/a的部、省级办公建筑物和其他重要或人员密集的公共建筑物,以及火灾危险场所。

(3)预计雷击次数大于或等于0.05次/a,且小于或等于0.25次/a的住宅、办公楼等一般性民用建筑物或一般性工业建筑物。

(4)在平均雷暴日大于15 d/a的地区,高度在15 m及以上的烟囱、水塔等孤立的高耸建筑物;在平均雷暴日小于或等于15 d/a的地区,高度在20 m及以上的烟囱、水塔等孤立的高耸建筑物。

4.3.2 电气施工图的识别

电气施工总说明主要呈现电气设计部分主要设计内容及信息系统设计内容,采用何种供电制式,如何实现等电位连接,接地电阻要求,在多少高度设置防侧击雷均压环等设计说明。配电系统图主要设计配电干线系统、动力配电系统、照明配电系统、电梯配电系统、消防控制配电系统、送风配电系统等。识别的主要目的是看原设计是否符合《建筑物防雷设计规范》(GB 50057—2010)第4.1.1条要求。

各类防雷建筑物应设防直击雷的外部防雷装置,并应采取防闪电电涌侵入的措施。

第一类防雷建筑物和《建筑物防雷设计规范》(GB 50057—2010)第3.0.3条第5~7款所规定的第二类防雷建筑物,尚应采取防闪电感应的措施。

第一类防雷建筑物防闪电感应应符合下列规定。

1. 建筑物内的设备、管道、构架、电缆金属外皮、钢屋架、钢窗等较大金属物和突出屋面的放散管、风管等金属物,均应接到防闪电感应的接地装置上。

金属屋面周边每隔18~24 m应采用引下线接地一次。

现场浇灌或用预制构件组成的钢筋混凝土屋面,其钢筋网的交叉点应绑扎或焊接,并应每隔18~24 m采用引下线接地一次。

2. 平行敷设的管道、构架和电缆金属外皮等长金属物,其净距小于100 mm时,应采用金属线跨接,跨接点的间距不应大于30 m;交叉净距小于100 mm时,其交叉处也应跨接。

当长金属物的弯头、阀门、法兰盘等连接处的过渡电阻大于0.03 Ω时,连接处应用金属线跨接。对有不少于 5 根螺栓连接的法兰盘,在非腐蚀环境下,可不跨接。

3. 防闪电感应的接地装置应与电气和电子系统的接地装置共用,其工频接地电阻不宜大于 10 Ω。防闪电感应的接地装置与独立接闪杆、架空接闪线或架空接闪网的接地装置之间的间隔距离,应符合《建筑物防雷设计规范》(GB 50057—2010)第 4.2.1 条第 5 款的规定。

当屋内设有等电位连接的接地干线时,其与防闪电感应接地装置的连接不应少于 2 处。

如原设计不能满足规范条款要求,检测时必须指出。

动力平面图和照明平面图识别的主要目的是查看局部等电位连接端子(LEB)是否合理,(LEB)端子与建筑主体的连接点必须是内构造柱或梁,严禁与作为引下线的构造柱连接。

4.3.3 基础接地平面图的识别

基础接地平面图是标识接地极的构成图,基础接地又是建筑物接地的重要组成部分。首先要从图中查看各个桩、柱基础的连接情况,图中所标识的作为引下线的柱的分部和间距,根据建筑物的防雷类别来判定是否符合规范要求,同时在基础接地平面图中也标识出环形水平接地体的布置,由于设置环形水平接地体的目的是平衡接地极的电位梯度,其与基础的连接间距分别为 12 m、18 m、25 m,同样要根据建筑物的防雷类别来判定是否符合规范要求,如图 4-2 所示。

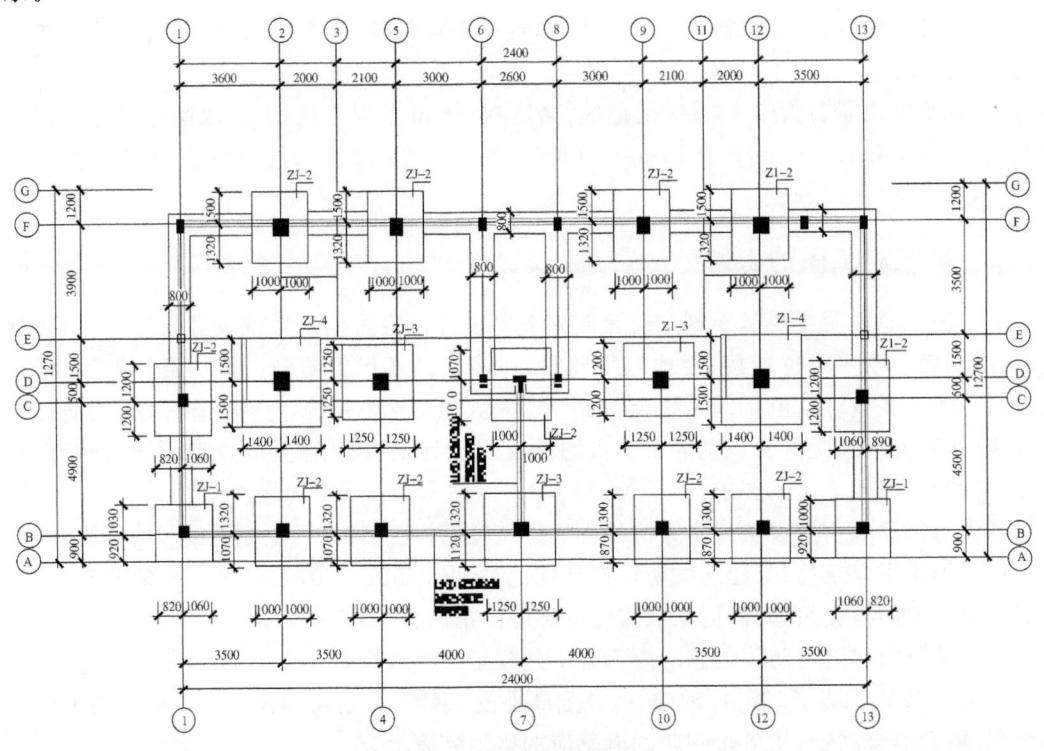

图 4-2 基础平面布置图

是否要增加外引辅助接地极应通过计算确定,现在以二类防雷建筑物为例。

当土壤电阻率 ρ 小于或等于 800 Ω·m 时,对环形接地体所包围面积的等效圆半径小于 5 m 的情况,每一引下线处应补加水平接地体或垂直接地体。当补加水平接地体时,其最小长度应按 GB 50057—2010 中式(4.2.4-1)计算;当补加垂直接地体时,其最小长度应按 GB 50057—2010 中式(4.2.4-2)计算。

当土壤电阻率大于 800 Ω·m、小于或等于 3000 Ω·m，且对环形接地体所包围的面积的等效圆半径小于按下式的计算值时，每一引下线处应补加水平接地体或垂直接地体：

$$\sqrt{\frac{A}{\pi}} < \frac{\rho - 550}{50} \tag{4-9}$$

补加水平接地体时，其最小总长度应按下式计算：

$$l_\mathrm{r} = \left(\frac{\rho - 550}{50}\right) - \sqrt{\frac{A}{\pi}} \tag{4-10}$$

补加垂直接地体时，其最小总长度应按下式计算：

$$l_\mathrm{v} = \frac{\left(\frac{\rho - 550}{50}\right) - \sqrt{\frac{A}{\pi}}}{2} \tag{4-11}$$

利用槽形、板形或条形基础的钢筋作为接地体或在基础下面混凝土垫层内敷设人工环形基础接地体，当槽形、板形基础钢筋网在水平面的投影面积或成环的条形基础钢筋或人工环形基础接地体所包围的面积符合下列规定时，可不补加接地体。

(1) 当土壤电阻率小于或等于 800 Ω·m 时，所包围的面积应大于或等于 79 m²；

(2) 当土壤电阻率大于 800 Ω·m 且小于或等于 3000 Ω·m 时，所包围的面积应大于或等于按下式计算的值：

$$A \geqslant \pi \left(\frac{\rho - 550}{50}\right)^2 \tag{4-12}$$

对 6 m 柱距或大多数柱距为 6 m 的单层工业建筑物，当利用柱子基础的钢筋作为外部防雷装置的接地体并同时符合下列规定时，可不另加接地体。

(1) 利用全部或绝大多数柱子基础的钢筋作为接地体。

(2) 柱子基础的钢筋网通过钢柱、钢屋架、钢筋混凝土柱子、屋架、屋面板、吊车梁等构件的钢筋或防雷装置互相连成整体。

(3) 在周围地面以下距地面不小于 0.5 m，每一柱子基础内所连接的钢筋表面积总和大于或等于 0.82 m²。

4.3.4 屋面防雷平面图的识别

屋面防雷平面图是对防雷设计识别的重点，根据前面各项识别内容并结合计算结果，按防雷类别逐项识别，如图 4-3 所示。

当检测对象为第一类防雷建筑物时，防直击雷的装置必须符合：

1. 应装设独立接闪杆或架空接闪线或网。架空接闪网的网格尺寸不应大于 5 m×5 m 或 6 m×4 m。

2. 排放爆炸危险气体、蒸气或粉尘的放散管、呼吸阀、排风管等的管口外的下列空间应处于接闪器的保护范围内。

(1) 当有管帽时应按表 4-2 的规定确定。

(2) 当无管帽时，应为管口上方半径 5 m 的半球体。

(3) 接闪器与雷闪的接触点应设在(1)或(2)所规定的空间之外。

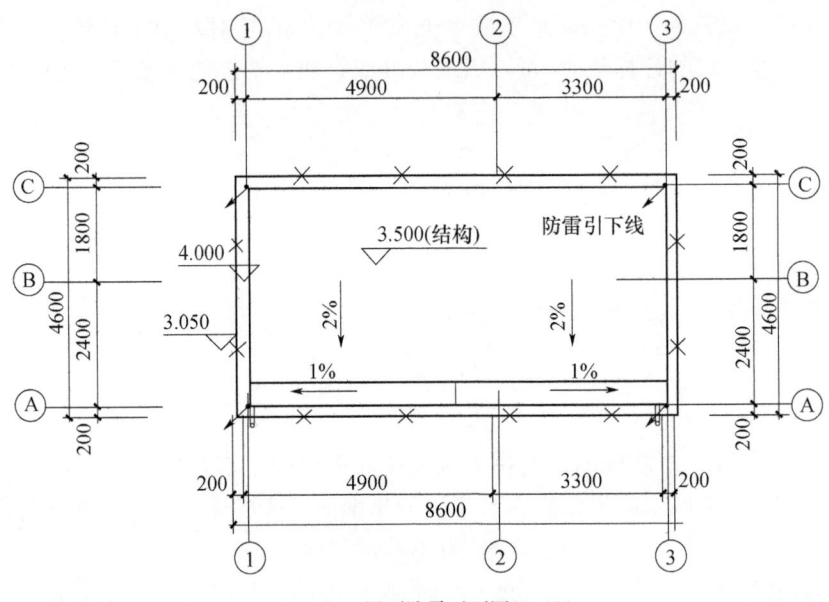

屋面防雷平面图1:100

图 4-3　屋面防雷平面图

表 4-2　有管帽的管口外处于接闪器保护范围内的空间

装置内的压力与周围空气压力的压力差(kPa)	排放物对比于空气	管帽以上的垂直距离(m)	距管口处的水平距离(m)
<5	重于空气	1	2
5~25	重于空气	2.5	5
≤25	轻于空气	2.5	5
>25	重或轻于空气	5	5

注：相对密度小于或等于 0.75 的爆炸性气体规定为轻于空气的气体；相对密度大于 0.75 的爆炸性气体规定为重于空气的气体。

3. 排放爆炸危险气体、蒸气或粉尘的放散管、呼吸阀、排风管等，当其排放物达不到爆炸浓度、长期点火燃烧、一排放就点火燃烧，以及发生事故时排放物才达到爆炸浓度的通风管、安全阀，接闪器的保护范围应保护到管帽，无管帽时应保护到管口。

4. 独立接闪杆的杆塔、架空接闪线的端部和架空接闪网的每根支柱处应至少设一根引下线。对用金属制成或有焊接、绑扎连接钢筋网的杆塔、支柱，宜利用金属杆塔或钢筋网作为引下线。

5. 独立接闪杆和架空接闪线或网的支柱及其接地装置与被保护建筑物及与其有联系的管道、电缆等金属物之间的间隔距离(图 4-4)，应按下列公式计算，且不得小于 3 m。

(1)地上部分：

当 $h_x<5R_i$ 时：$S_{a1}\geqslant 0.4(R_i+0.1h_x)$ \hfill (4-13)

当 $h_x\geqslant 5R_i$ 时：$S_{a1}\geqslant 0.1(R_i+h_x)$ \hfill (4-14)

式中：S_{a1}——空气中的间隔距离(m)；

R_i——独立接闪杆、架空接闪线或网支柱处接地装置的冲击接地电阻(Ω)；

h_x——被保护建筑物或计算点的高度(m)。

(2)地下部分：
$$S_{e1} \geqslant 0.4R_i \quad (4\text{-}15)$$

式中：S_{e1}——地中的间隔距离(m)；

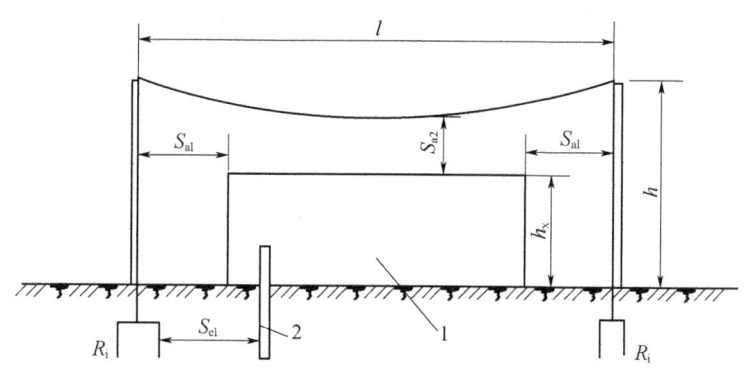

图 4-4 防雷装置至被保护物的间隔距离
(1:被保护建筑物；2:金属管道)

6. 架空接闪线至屋面和各种突出屋面的风帽、放散管等物体之间的间隔距离，应按下列公式计算，且不应小于 3 m。

(1)当 $(h+l/2)<5R_i$ 时，
$$S_{a2} \geqslant 0.2R_i + 0.03(h+l/2) \quad (4\text{-}16)$$

(2)当 $(h+l/2) \geqslant 5R_i$ 时，
$$S_{a2} \geqslant 0.05R_i + 0.06(h+l/2) \quad (4\text{-}17)$$

式中：S_{a2}——接闪线至被保护物在空气中的间隔距离(m)；

h——接闪线的支柱高度(m)；

l——接闪线的水平长度(m)。

7. 架空接闪网至屋面和各种突出屋面的风帽、放散管等物体之间的间隔距离，应按下列公式计算，但不应小于 3 m。

(1)当 $(h+l_1)<5R_i$ 时，
$$S_{a2} \geqslant \frac{1}{n}[0.4R_i + 0.06(h+l_1)] \quad (4\text{-}18)$$

(2)当 $(h+l_1) \geqslant 5R_i$ 时，
$$S_{a2} \geqslant \frac{1}{n}[0.1R_i + 0.12(h+l_1)] \quad (4\text{-}19)$$

式中：S_{a2}——接闪网至被保护物在空气中的间隔距离(m)；

l_1——从接闪网中间最低点沿导体至最近支柱的距离(m)；

n——从接闪网中间最低点沿导体至最近不同支柱并有同一距离 l_1 的个数。

8. 独立接闪杆、架空接闪线或架空接闪网应设独立的接地装置，每一引下线的冲击接地电阻不宜大于 10 Ω。在土壤电阻率高的地区，可适当增大冲击接地电阻，但在 3000 Ω·m 以下的地区，冲击接地电阻不应大于 30 Ω。

当审查的建筑物为第二类防雷建筑物时，防直击雷的装置在建筑物上安装接闪网、接闪带或接闪杆，也可采用由接闪网、接闪带或接闪杆混合组成的接闪器。接闪网、接闪带应沿屋角、屋脊、屋檐和檐角等易受雷击的部位敷设，并应在整个屋面组成不大于 10 m×10 m 或

12 m×8 m 的网格;当建筑物高度超过 45 m 时,首先应沿屋顶周边敷设接闪带,接闪带应设在外墙外表面或屋檐边垂直面上,也可设在外墙外表面或屋檐边垂直面外。接闪器之间应互相连接。

突出屋面的放散管、风管、烟囱等物体,应按下列方式保护。

(1)排放爆炸危险气体、蒸气或粉尘的放散管、呼吸阀、排风管等管道应符合 GB 50057—2010 第 4.2.1 条第 2 款的规定。

(2)排放无爆炸危险气体、蒸气或粉尘的放散管、烟囱,1 区、21 区、2 区和 22 区爆炸危险场所的自然通风管,0 区和 20 区爆炸危险场所的装有阻火器的放散管、呼吸阀、排风管,以及 GB 50057—2010 第 4.2.1 条第 3 款所规定的管、阀及煤气和天然气放散管等,其防雷保护应符合下列规定:

① 金属物体可不装接闪器,但应和屋面防雷装置相连。

② 在屋面接闪器保护范围之外的非金属物体应装接闪器,并应和屋面防雷装置相连。

专设引下线不应少于 2 根,并应沿建筑物四周和内庭院四周均匀对称布置,其间距沿周长计算不应大于 18 m。当建筑物的跨度较大,无法在跨距中间设引下线时,应在跨距两端设引下线并减小其他引下线的间距,专设引下线的平均间距不应大于 18 m。

高度超过 45 m 的建筑物,除安装屋顶的外部防雷装置外,还应采取相应的防侧击雷措施。

当审查的建筑物为第三类防雷建筑物时,防直击雷的装置应在建筑物上安装接闪网、接闪带或接闪杆,也可采用由接闪网、接闪带或接闪杆混合组成的接闪器。接闪网、接闪带应沿屋角、屋脊、屋檐和檐角等易受雷击的部位敷设,并应在整个屋面组成不大于 20 m×20 m 或 24 m×16 m 的网格;当建筑物高度超过 60 m 时,首先应沿屋顶周边敷设接闪带,接闪带应设在外墙外表面或屋檐边垂直面上,也可设在外墙外表面或屋檐边垂直面外。接闪器之间应互相连接。

专设引下线不应少于 2 根,并应沿建筑物四周和内庭院四周均匀对称布置,其间距沿周长计算不应大于 25 m。当建筑物的跨度较大,无法在跨距中间敷设引下线时,应在跨距两端敷设引下线并减小其他引下线的间距,专设引下线的平均间距不应大于 25 m。

高度超过 60 m 的建筑物,除敷设屋顶的外部防雷装置外,应采取相应的防侧击雷措施。

当所检测的防雷建筑物中兼有第一、二、三类防雷建筑物时,其防雷分类和防雷措施可按以下规定执行。

(1)当第一类防雷建筑物部分的面积占建筑物总面积的 30% 及以上时,该建筑物宜确定为第一类防雷建筑物。

(2)当第一类防雷建筑物部分的面积占建筑物总面积的 30% 以下,且第二类防雷建筑物部分的面积占建筑物总面积的 30% 及以上时,或当这两部分防雷建筑物的面积均小于建筑物总面积的 30%,但其面积之和又大于 30% 时,该建筑物宜确定为第二类防雷建筑物。但对第一类防雷建筑物部分的防闪电感应和防闪电电涌侵入,应采取第一类防雷建筑物的保护措施。

(3)当第一、二类防雷建筑物部分的面积之和小于建筑物总面积的 30%,且不可能遭直接雷击时,该建筑物可确定为第三类防雷建筑物;但对第一、二类防雷建筑物部分的防闪电感应和防闪电电涌侵入,应采取各自类别的保护措施;当可能遭直接雷击时,应按各自类别采取防雷措施。

没有得到接闪器保护的屋顶孤立金属物的尺寸不超过下列数值时,可不要求附加的保护措施：高出屋顶平面不超过 0.3 m，上层表面总面积不超过 1.0 m²，上层表面的长度不超过 2.0 m。

不处在接闪器保护范围内的非导电性屋顶物体，当它没有突出由接闪器形成的平面 0.5 m 以上时，可不要求附加增设接闪器的保护措施。

采用多根专设引下线时，应在各引下线上距地面 0.3~1.8 m 处装设断接卡。

当利用混凝土内钢筋、钢柱作为自然引下线并同时采用基础接地体时，可不设断接卡，但利用钢筋做引下线时应在室内外的适当地点设若干连接板。当仅利用钢筋做引下线并采用埋于土壤中的人工接地体时，应在每根引下线上距地面不低于 0.3 m 处设接地体连接板。采用埋于土壤中的人工接地体时应设断接卡，其上端应与连接板或钢柱焊接。连接板处应有明显标志。

在防雷设计图施工阶段，工程的设计不知道电子系统的规模和具体位置，若预计将来室内会有需要防雷击电磁脉冲的电子系统，应在检测意见中提出将建筑物的金属支撑物、金属框架或钢筋混凝土的钢筋等自然构件、金属管道、配电的保护接地系统等与防雷装置组成一个接地系统，并应在需要之处预留等电位连接端子板。同时，当供电电源采用 TN 系统时，从建筑物总配电箱起供电给建筑物内的配电线路和分支线路必须采用 TN-S 系统。

第 5 章 防雷装置检测程序

防雷装置安全性能检测的目的是为了减少雷击灾害造成的损失,检测数据的准确性直接关系防护后果。按照安全生产主体责任落实要求,防雷装置的使用者为第一责任人,防雷装置使用者才有义务向防雷装置检测机构申请检测,检测机构经检测得出的参数和结论,用于指导防雷设施的维护、保养及整改,确保防雷装置的防护效能安全有效。因此,防雷装置检测应按检测程序进行,目的是保障检测数据的真实性、科学性、公正性、时效性和可用性。检测机构应根据实际情况制定合理、高效检测流程,并严格执行,做到规范检测。检测程序应包括业务受理、检测方案、现场检测、综合分析、报告签发等,检测程序的每个环节应设置时限,并加以控制,确保检测总时限在可控范围。针对大型检测项目,应进行现场勘查并制定检测方案,在实施检测过程中应对原制定的检测程序进行分析评价,根据评价中发现的不足,对检测程序进行适时改进。对实行工作票的单位(如电力企业),要参加专业安全培训并取得工作票后按检测程序在检测范围开展现场检测作业,如图 5-1 所示。

5.1 检测程序总体要求

防雷装置检测机构应具有法人资格,能独立承担第三方公正检测和相应的法律责任能力,独立对外行文和开展业务活动,有独立账目和独立核算。检测机构应具备固定的工作场所,具有存放检测设备和检测档案的专用场所。检测机构应有明确的组织机构,设置相应的部门,制定各部门职责。检测机构应具有与其资质等级要求相符的人员配置。设置机构负责人、技术负责人、质量负责人、检测员、质量监督员、内审员、设备管理员、文档管理员等岗位。检测机构应建立和保持能够保证其公正性、独立性并与其检测活动相适应的管理体系。管理体系应形成文件,阐明与质量有关的政策,使所有相关人员理解并有效实施。检测机构应建立并保持文件编制、审核、批准、标识、发放、报关、修订和废止等的控制程序,确保文件现行有效。检测机构人员应具有与其从事检测相适应的知识、技术和实践经验,并取得相应的资格证书。

5.1.1 业务受理

检测机构应有固定的业务受理场所,受理场所应满足以下要求:公示机构名称和受理时间,公示受理所需材料、资费标准、咨询和投诉电话。受理场所布局合理,指示清晰,环境整洁。对于资料齐全的项目应及时受理,受理完成后 3 个工作日内联系检测客户,约定检测时间并提前告知受检单位须提供的工作条件,详细了解受检单位安全生产工作要求。首次检测或大型工程项目,应进行现场勘查并制定检测方案,检测方案应涉及检测范围、检测费用、现场作业方案、检测注意事项等,检测前,应与受检单位签订检测合同,提供电话或网络受理服务。

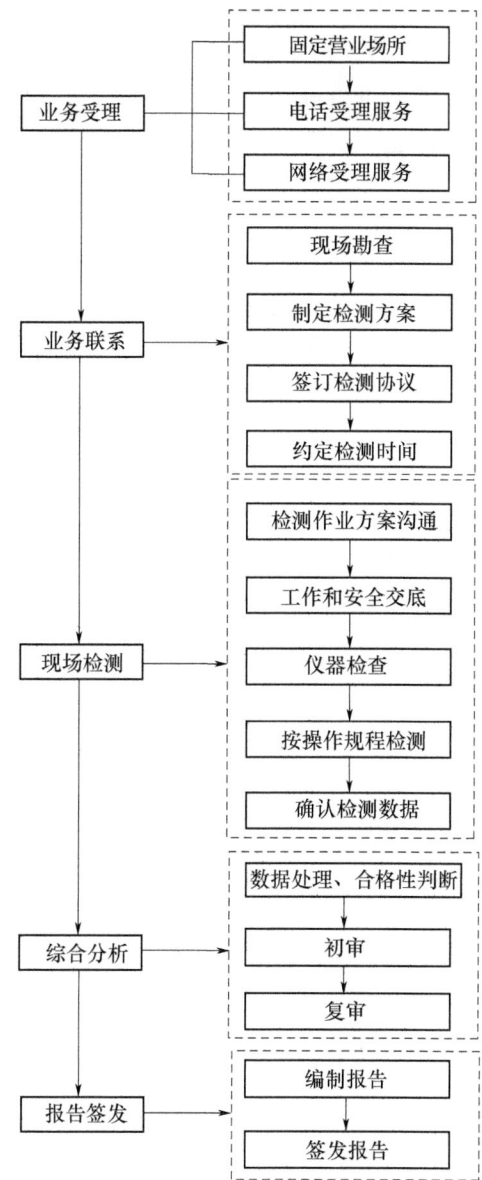

图 5-1　防雷装置程序流程图

5.1.2　检测质量控制及监督

检测机构应开展现场监督、数据复测、项目复查、资料检查等质量监督工作，并对监督发现的问题进行统计分析，提出改进建议。质量监督过程中发现的错误应及时纠正，并查找错误原因，提出的合理化建议应采取有效的纠正措施，改进检测流程，提高检测质量。

检测机构应制定对现场检测人员进行现场监督的制度，安排专职质量监督员对检测人员的现场操作流程进行现场监督，现场监督主要包括以下内容：工作交底记录、仪器设备的使用、现场操作的情况等。检测原始数据进行复测是质量监督的重要环节，对数据分析处理过程中发现的可疑数据，检测机构应安排专职质量监督员进行现场复测，数据复测主要包括以下步骤：现场复测，与原有原始数据比对，分析误差，存在问题比对。资料检查是检测机构应针对检测人员完成的检测原始记录和检测报告的检测环节,检测机构应安排专职质量监督员对检测人员完成的检测原始记录和检测报告进行检查,保障检测原始记录填写的规范性、原始记录及其检测文件的完整性、检测报告数据的准确性、检测结论的准确性。

5.1.3　防雷安全检测作业要求

首先,环境要求。防雷检测环境应符合有关安全、健康和环境的要求,确保检测工作正常、安全、有效开展,检测结果准确、有效,保障员工的安全和健康。凡相关法律法规、技术规范、标准有要求或环境对检测结果有影响时,应检测、控制和记录环境条件,当环境条件影响检测结果时,应立即停止检测,干扰因素消除后,重新进行检测。为确保防雷装置安全性能检测工作安全、规范、有序地进行,现场环境应能满足仪器设备的使用要求,对于不相容活动的相邻区域应进行有效隔离或采取措施,防止交叉干扰,避免对检测结果造成影响。当遇有雨雪、冰雹、霜冻、雷电等天气时,应停止检测,不应在土壤结冻或雨后土壤较潮湿时测量土壤电阻率或接地电阻值,现场环境能见度小于 100 m 时,应停止检测。其次,认真开展现场检测。按规定的现场检测操作规程,严格执行检测负责人必需的安全交底,有检测人员签字认可,使检测人员了解现场安全作业要求,并确认安全装备处于良好状况,正确佩戴使用。最后,检测仪器设备的正确操作、维修和保养。检测设备应按要求进行检定、校准或比对,检测设备应有明显的标识来表明其状态,按标识使用,检测设备的精度应满足检测标准的要求。现场检测前,检测人员应确定检测设备处于检定或校准有效期内,并严格按照检测设备的操作规程进行操作。检测设备的各类标识必须保持完整、清晰,进行现场自校,保证检测数据准确。检测前后都应对所用仪器进行检查,以确认检测仪器在检测过程中的有效性,检测时及检测后发现仪器设备有故障,应立即对已测数据进行分析,对检测结果的有效性做出判定,查找故障时点,使用备用仪器从故障时点之后继续检测,若无法确定故障时点,应重新进行检测。在整个检测过程中,严禁使用吊车、卷扬机和铲车等运送检测人员登高,严禁在屋面检测时接打电话,严禁将检测工具及工具包放置于女儿墙或屋檐上,易燃易爆场所开展检测时严禁在现场检测时吸烟、使用非防爆通信设备、金属敲击。

5.1.4　档案管理

检测机构严格执行档案管理的相关制度,检测机构对员工、管理文件、检测设备、原始数据、检测报告等建立档案并明确各类档案的保密范围和措施。档案主要是防雷检测过程中形成的技术材料和资料,包括在防雷检测过程中形成的原始记录、检测报告、存在问题通知书、复检意见书、隐蔽工程记录等真实的历史记录。同时,技术材料外的图纸、方案设计或初步设计、项目可行性研究报告、安全评价报告、灾害预评估报告也应列入档案管理范畴。当然,档案管理是有时效性的,原则上,新(改、扩)建项目竣工检测资料档案的保管期限为永久,定期检测技术资料的保管期限 2 年。档案应统一编号,连续编页,有卷内目录和总目录,查阅、出借、复制、销毁档案须经检测机构负责人审批并做好记录。

5.2　防雷装置检测责任

防雷装置检测责任,首先,应实行技术负责人制,由技术负责人全面负责本防雷装置检测的技术管理和运作,负责组织技术性文件和技术记录格式的编制和批准,组织外来文件的确认并根据确认结果批准使用。指导检测人员正确使用检测标准、操作规程及其他有关技术规范,组织非标准方法和仪器自校准规程的编写和审定,组织落实能力验证、对比试验、期间核查并对结果确认、分析,督促检查执行情况。组织、收集、整理与本检测机构承担范围有关的标准、方法,了解国内外有关检测技术的发展方向和动态,制定本单位检测技术的发展计划,不断提高检测能力。其次是检测人员现场负责制,检测过程中有关信息的沟通和反馈,对所从事的检测数据确认并对检测数据负责。主要包括负责现场检测记录的填写和确认,对检测结果的真实性负责,负责仪器设备的维护保养,并做好仪器使用记录,负责本专业比对验证等检测技术的具体实施,有权拒绝不符合规定要求的外界干扰,对用户的技术资料、商业机密负有保密责任,负责安全制度的落实、相互监督,保证遵守、维持检测数据的公正性、科学性、权威性。最后是检测报告审核签发责任制,对所审核的检测结果正确性负责,对检测报告所含信息与原始记录的一致性、原始记录信息的完整性、结果的可靠性,以及所用法定计量单位的正确性负责,有权拒绝在不符合要求的报告上签名。

5.3 现场检测操作程序

防雷装置现场检测每组不得少于 3 人,并且要有明确分工,一般情况下,组长负责工作联系,现场勘察及检测、复核确认。成员做好仪器使用状态检查,检测原始记录,正确使用仪器,配合组长完成检测工作。

5.3.1 检测项目及仪器

防雷装置检测项目按防雷分类,完成接闪器、引下线、接地装置、防雷区划分,电磁屏蔽、等电位连接、电涌保护器(SPD)、布线检查、工频接地电阻的测试等检测。按检测要求配备正确、合格的设备,易燃易爆场所应配备防爆对讲机,识别仪器设备的状态标识:合格标志(绿色)、准用标志(黄色)、停用标志(红色),检测人员应充分了解标识状态,当标识模糊、过期、脱落,应与计量管理员联系,做好仪器设备使用前后状态记录,检测时按仪器设备作业指导书操作。进入检测现场,组长应与被检单位有关人员进行联系,得到认可后进行检测。根据防雷类别的不同要求进行检测。

检测建(构)筑物时,现场建(构)筑物的几何尺寸,反映其相对位置;建筑物为长方体,以长、宽、高反映;正方体同前;圆柱体以直径(长、宽均为直径)和高反映;其他不规则的建筑物,以其最长、最宽的距离分别为长、宽(如手枪型建筑物),其高度以地面投影面积总投影面 1/2 的主体高度为该建(构)筑物高度。接地电阻测试仪的操作按仪器设备作业指导书执行,但电流极与电压极连接导线之间的长度间距要符合 5~10 m 的要求,两根接地极的连线应在被测物的法线方向上,电压极的接地棒距离被测试物不得小于 5 m,各类测试线不得有死结和缠绕。屋顶放线时,应选择合适的地点,注意四周障碍物,严禁抛、扔,应徐徐放线,同时与地面检测人员保持联系,保证通信设备良好。

5.3.2 检测安全作业程序

进入检测现场的人员必须采取安全防护措施,穿戴工作服、安全帽、手套等,禁止在检测作业时穿背心、短裤、凉鞋。进入石油、化工、制药等存在有毒、有害物质的场所作业前,应事先向被检测单位有关人员了解防护注意事项,不得擅自进入。进入配电间、电子信息系统机房等要害部门检测,检测人员不得少于两人,且必须由被检测单位派专人陪同。严禁遇有雨天或雷电发生时,开展检测工作,严禁在工作现场吸烟,严禁在工作时间饮酒,严禁酒后作业,严禁酒后驾驶机动车。在易燃易爆场所作业时,不得携带火种,不得穿戴钉鞋,不得穿化纤衣服,不得随意敲打,不得接打手提电话。

到达现场后,在地面观察待检建筑物,以及建筑物的周边环境,初步确定打桩位置以及检测线的布放路径。确定检测线的布放路径必须遵循以下原则:远离所有架空布设的高、低压电源线缆以及不明线缆(充分考虑当时风力、风速等因素),使检测线的布放路径在屋面或地面检测人员的视野范围内。如果有下层平台或建筑物,必须到下层查明情况,布放检测线时,分段操作,上下接应,禁止盲目作业。避开车辆、行人的通道、出入口。开展屋面检测时,观察屋面装置、设备,再次观察建筑物的周边环境,遵循以上原则,确定检测线的布放路径,并通知地面或下层工作人员,确认无危险方可布放测试线缆。

布放检测线时,应当做到:检测人员应当靠近女儿墙,使检测线沿建筑物外墙缓慢下放,严禁抛放。地面或下层工作人员应当注意观察、协调指挥,发现情况立即叫停,检测线到达地面或者下层后,地面或下层工作人员应当及时接应,及时叫停。屋面检测人员应当与地面或下层工作人员密切配合,使检测线垂直段沿建筑物外墙敷设,禁止凌空斜拉,检测线垂直段的上下两端应固定。检测线水平段应当紧贴地面或建筑物屋面,可能影响行人过往时,应当预先设置警告标志。

收线要求:检测结束,收起检测线时,首先应当由地面或者下层工作人员将检测线的水平部分收拢,再通知屋面检测人员收线,地面或者下层工作人员应当注意观察,协调指挥,发现情况立即叫停。

辅助接地极布设要求:向被检测单位了解被检测建筑物周围电力、通信、燃气管线的分布情况,详细勘察作业区域及周边环境,注意各种警告标志,确认打桩位置的地下无电力、通信、燃气管线。打桩时遇有不明障碍物应停止作业,另选合适位置打桩,不得盲目作业。

5.4 分类检测程序

建筑物防雷装置检测程序:①判别防雷类别;②测量建筑物的体量(长、宽、高);③测量接闪器规格(避雷带至少分四个方向测量,避雷针要测到保护物的安全距离);④测量引下线数量、规格、接地电阻;⑤测量计算屋面受保护情况;⑥测量进出建筑物金属管线接地情况;⑦测量低压线路防雷电波侵入情况。

信息系统防雷装置检测程序:①了解、询问信息系统名称、功能、规模、建筑物防直击雷、供电制式等基本情况;②按防雷区划为原则将建筑物外墙以外的空间划分为 LPZ1 区,信息系统机房之间的空间划分为 LPZ2 区;③检查从 LPZ0 区进入 LPZ1 区的金属管道、电缆线、信号线、天馈线的种类及数量,并对其接地情况及避雷器启动电压、漏电流进行检测;④检查从 LPZ1 区进入 LPZ2 区的金属管道、电缆线、信号线、天馈线的种类及数量,并对其接地情况及避雷器启动电压、漏电流进行检测;⑤对 LPZ2 区设备接地屏蔽等电位连接情况进行检测。

加油(气)站(库)防雷装置检测程序:①检测油(气)罐接地电阻、卸油(气)防静电装置接地电阻及法兰盘跨接情况;②检测加油(气)机机壳、加油(气)枪接地情况;③检测防直击雷避雷针、规模及接地电阻情况;④检测配电房、站房、站棚接地情况;⑤按信息系统防雷装置检测程序检测加油站管控系统。

其他综合性比较强的单位应根据实际情况分割成几个系统,按照以上原则进行检测,每次检测都应固定在同一位置,采用同一台仪器或参数相近的仪器,采用同一种方法测量,记录在案以备下一年度比较性能变化。防雷装置检测应按制度化、规范化、专业化管理。各防雷检测机构应有相对稳定的检测人员开展检测,应使用统一的检测报告模板,使每个区域的检测报告和数据处理都在统一规定的技术框架下进行,有利于数据的溯源和查询。

第6章 防雷装置检测技术

防雷装置检测是利用仪器对防雷装置的接闪、传导、分流、接地、等电位、屏蔽等参数进行测试鉴定的一项专业技术,防雷装置的主要功能就是在这些参数的密切配合下才能得到充分体现,其中任何一个环节出现差错,都可能带来不可估量的损失。防雷装置本身就是引雷装置,接闪后,雷电流不能快速地传导、分流和接地消散,电位的陡升就可能危害被保护对象安全。其实,防雷跟防洪有异曲同工之处,洪水被拦截后,如果没有分流和消散的地方,水位抬升就可能淹地毁屋。

6.1 接闪装置检测

防雷装置的接闪装置主要有避雷针、避雷带、避雷线、避雷网等,检测的主要目的是鉴定其材质、设置方式、设置形式、保护半径等参数是否满足规范要求。第一类防雷建筑物,检测时,主要检测独立避雷针、塔和架空避雷线或网的支柱至被保护建筑物及与其有联系的管道、电缆等金属物之间的间隔距离。其有效间隔距离应按下列公式计算,但不得小于 3 m。当建筑物邻近有高大树木又不在接闪器保护范围之内时,树木与建筑物之间的净距不应小于 5 m。

地上部分:当 $h_x < 5R_i$ 时,

$$S_{a1} \geqslant 0.4(R_i + 0.1 h_x) \tag{6-1}$$

当 $h_x \geqslant 5R_i$ 时,

$$S_{a1} \geqslant 0.1(R_i + h_x) \tag{6-2}$$

地下部分:

$$S_{e1} \geqslant 0.4R_i \tag{6-3}$$

式中:S_{a1}——空气中的间隔距离(m);

S_{e1}——地中的间隔距离(m);

R_i——独立避雷针、塔、架空避雷线或网支柱处接地装置的冲击接地电阻(Ω);

h_x——被保护建筑物或计算点的高度(m)。

一类防雷场所难以装设独立接闪装置时,可将接闪杆或网格不大于 5 m×5 m 或 6 m×4 m 的接闪网或由其混合组成的接闪器直接装在建筑物上,接闪器应沿屋角、屋脊、屋檐和檐角等易受雷击的部位敷设,接闪器之间应互相连接。

架空避雷线至屋面和各种突出屋面的风帽、放散管等物体之间的间隔距离应按下列公式计算,但不应小于 3 m。

当 $(h+L/2) < 5R_i$ 时,

$$S_{a2} \geqslant 0.2R_i + 0.03(h+L/2) \tag{6-4}$$

当 $(h+L/2) \geqslant 5R_i$ 时,

$$S_{a2} \geqslant 0.05R_i + 0.06(h+L/2) \tag{6-5}$$

式中：S_{a2}——接闪线至被保护物在空气中的间隔距离(m)；
　　　h——接闪线的支柱高度(m)；
　　　L——接闪线的水平长度(m)。

架空避雷网至屋面和各种突出屋面的风帽、放散管等物体之间的间隔距离，应按下列公式计算，但不应小于 3 m。

当 $(h+L_1)<5R_i$ 时，

$$S_{a2} \geq \frac{1}{n}[0.4R_i+0.06(h+L_1)] \tag{6-6}$$

当 $(h+L_1) \geq 5R_i$ 时，

$$S_{a2} \geq \frac{1}{n}[0.1R_i+0.12(h+L_1)] \tag{6-7}$$

式中：S_{a2}——接闪网至被保护物在空气中的间隔距离(m)；
　　　L_1——从接闪网中间最低点沿导体至最近支柱的距离(m)；
　　　n——从接闪网中间最低点沿导体至最近不同支柱并有同一距离 L_1 的个数。

第二类、第三类防雷建筑物外部防雷接闪器采用在建筑物上装设的避雷带、避雷针、避雷网，或由避雷带、避雷针、避雷网混合组成的接闪装置。接闪装置沿屋角、屋脊、屋檐和檐角等易受雷击的部位敷设，并应在整个屋面组成二类不大于 10 m×10 m 或 12 m×8 m；三类 20 m×20 m 或 24 m×16 m 的网格。二类建筑物高度超过 45 m、三类建筑物高度超过 60 m 时，应测试沿屋顶周边敷设均压接闪带，均压接闪带一般在外墙外表面或屋檐边垂直面上，也有的设在外墙外表面或屋檐边垂直面外，接闪器之间应互相连接。接闪器的材料、结构和最小截面见表 6-1。

表 6-1　接闪线(带)、接闪杆和引下线的材料、结构与最小截面

材料	结构	最小截面(mm²)	备注⑩
铜，镀锡铜①	单根扁铜	50	厚度 2 mm
	单根圆铜⑦	50	直径 8 mm
	铜绞线	50	每股线直径 1.7 mm
	单根圆铜③④	176	直径 15 mm
铝	单根扁铝	70	厚度 3 mm
	单根圆铝	50	直径 8 mm
	铝绞线	50	每股线直径 1.7 mm
铝合金	单根扁形导体	50	厚度 2.5 mm
	单根圆形导体	50	直径 8 mm
	绞线	50	每股线直径 1.7 mm
	单根圆形导体③	176	直径 15 mm
	外表面镀铜的单根圆形导体	50	直径 8 mm，径向镀铜厚度至少 70 μm，铜纯度 99.9%
热浸镀锌钢②	单根扁钢	50	厚度 2.5 mm
	单根圆钢⑨	50	直径 8 mm
	绞线	50	每股线直径 1.7 mm
	单根圆钢③④	176	直径 15 mm

续表

材料	结构	最小截面(mm²)	备注⑩
不锈钢⑤	单根扁钢⑥	50⑧	厚度 2 mm
	单根圆钢⑥	50⑧	直径 8 mm
	绞线	70	每股线直径 1.7 mm
	单根圆钢③④	176	直径 15 mm
外表面镀铜的钢	单根圆钢(直径 8 mm)	50	镀铜厚度至少 70 μm,铜纯度 99.9%
	单根扁钢(厚 2.5 mm)		

注：① 热浸或电镀锡的锡层最小厚度为 1 μm；
② 镀锌层宜光滑连贯、无焊剂斑点，镀锌层圆钢至少 22.7 g/m²、扁钢至少 32.4 g/m²；
③ 仅应用于接闪杆。当应用于机械应力没达到临界值之处，可采用直径 10 mm、最长 1 m 的接闪杆，并增加固定；
④ 仅应用于入地之处；
⑤ 不锈钢中，铬的含量等于或大于 16 %，镍的含量等于或大于 8 %，碳的含量等于或小于 0.08 %；
⑥ 对埋于混凝土中以及与可燃材料直接接触的不锈钢，其最小尺寸宜增大至直径 10 mm 的 78 mm²（单根圆钢）和最小厚度 3 mm 的 75 mm²（单根扁钢）；
⑦ 在机械强度没有重要要求之处，50 mm²（直径 8 mm）可减为 28 mm²（直径 6 mm），并应减小固定支架间的间距；
⑧ 当温升和机械受力是重点考虑之处，50 mm² 加大至 75 mm²；
⑨ 避免在单位能量 10 MJ/Ω 下熔化的最小截面是铜为 16 mm²、铝为 25 mm²、钢为 50 mm²、不锈钢为 50 mm²；
⑩ 截面积允许误差为 −3%。

接闪杆采用热镀锌圆钢或钢管制成时，其直径应符合下列规定：杆长 1 m 以下时，圆钢不应小于 12 mm，钢管不应小于 20 mm；杆长 1～2 m 时，圆钢不应小于 16 mm，钢管不应小于 25 mm；独立烟囱顶上的杆，圆钢不应小于 20 mm，钢管不应小于 40 mm。

接闪器的接闪端宜做成半球状，其最小弯曲半径宜为 4.8 mm，最大宜为 12.7 mm。

当独立烟囱上采用热镀锌接闪环时，其圆钢直径不应小于 12 mm；扁钢截面不应小于 100 mm²，其厚度不应小于 4 mm。

架空接闪线和接闪网宜采用截面不小于 50 mm² 热镀锌钢绞线或铜绞线。

明敷接闪导体固定支架的间距不宜大于表 6-2 的规定，固定支架的高度不宜小于 150 mm。高层建筑的接闪装置严禁暗敷。

表 6-2 明敷接闪导体和引下线固定支架的间距

布置方式	扁形导体和绞线固定支架的间距(mm)	单根圆形导体固定支架的间距(mm)
安装于水平面上的水平导体	500	1000
安装于垂直面上的水平导体	500	1000
安装于从地面至高 20 m 垂直面上的垂直导体	1000	1000
安装在高于 20 m 垂直面上的垂直导体	500	1000

除第一类防雷建筑物外，金属屋面的建筑物宜利用其屋面作为接闪器，并应符合下列规定：板间的连接应是持久的电气贯通，可采用铜锌合金焊、熔焊、卷边压接、缝接、螺钉或螺栓连接。金属板下面无易燃物品时，铅板的厚度不应小于 2 mm，不锈钢、热镀锌钢、钛和铜板的厚度不应小于 0.5 mm，铝板的厚度不应小于 0.65 mm，锌板的厚度不应小于 0.7 mm。

金属板下面有易燃物品时，不锈钢、热镀锌钢和钛板的厚度不应小于 4 mm，铜板的厚度不应小于 5 mm，铝板的厚度不应小于 7 mm。金属板无绝缘被覆层。注:薄的油漆保护层或 1 mm 厚沥青层或 0.5 mm 厚聚氯乙烯层均不应属于绝缘被覆层。

除第一类防雷建筑物外，屋顶上永久性金属物宜作为接闪器，但其各部件之间均应连成电气贯通，并应符合下列规定:旗杆、栏杆、装饰物、女儿墙上的盖板等，其截面应符合 GB 50057—2010 表 5.2.1 的规定，其壁厚应符合 GB 50057—2010 第 5.2.7 条的规定。输送和储存物体的钢管和钢罐的壁厚不应小于 2.5 mm；当钢管、钢罐一旦被雷击穿，其内的介质对周围环境造成危险时，其壁厚不应小于 4 mm。利用屋顶建筑构件内钢筋做接闪器应符合 GB 50057—2010 第 4.3.5 条和第 4.4.5 条的规定。

除利用混凝土构件钢筋或在混凝土内专设钢材做接闪器外，钢质接闪器应热镀锌。在腐蚀性较强的场所，尚应采取加大截面或其他防腐措施。专门敷设的接闪器，其布置应符合表 6-3 的规定。布置接闪器时，可单独或任意组合采用接闪杆、接闪带、接闪网。

表 6-3 接闪器布置

建筑物防雷类别	滚球半径 h_r(m)	接闪网网格尺寸(m)
第一类防雷建筑物	30	≤5×5 或 ≤6×4
第二类防雷建筑物	45	≤10×10 或 ≤12×8
第三类防雷建筑物	60	≤20×20 或 ≤24×16

不得利用安装在接收无线电视广播天线杆顶上的接闪器保护建筑物。当低层或多层建筑物利用屋顶女儿墙内、防水层内或保温层内的钢筋作为暗敷接闪器时，要对该建筑物周围的环境进行检查，防止可能发生的混凝土碎块坠落等事故隐患。除低层和多层建筑物外，其他建筑物不应利用建筑物女儿墙内钢筋作为暗敷接闪器。避雷带在转角处应按建筑造型弯曲，其夹角应大于 90°，弯曲半径不宜小于圆钢直径的 10 倍、扁钢宽度的 6 倍。接闪带通过建筑物伸缩沉降处，应将接闪带向侧面弯成半径为 100 mm 弧形。

6.2 引下线检测

防雷装置引下线是传导和分流雷电流传送装置，引下线设置和连接不正确，可能传导通道不畅而产生危害，引下线数量不足，由于分流系数不高，引发磁场强度增大，因此，引下线检测是重要环节之一。

一类防雷场所，采用独立安装的避雷针、架空避雷线或避雷网时，设独立接地装置，以针体或塔体作为引下线，每根引下线的冲击接地电阻不宜大于 10 Ω。在土壤电阻率高的地区，可适当放宽冲击接地电阻，但在 3000 Ω·m 以下的地区，冲击接地电阻不应大于 30 Ω。当采用避雷带或网格不大于 5 m×5 m 或 6 m×4 m 的避雷网或由其混合组成的接闪器直接装在建筑物上时，引下线沿建筑物四周均匀或对称布置，但不得少于两根，其间距沿周长计算不宜大于 12 m。一类防雷场所，建筑物内的设备、管道、构架、电缆金属外皮、钢屋架、钢窗等较大金属物和突出屋面的放散管、风管等金属物，均应接到防雷电感应的接地装置上。金属屋面时，每隔 18~24 m 设引下线接地一次。现场浇灌的或用预制构件组成的钢筋混凝土屋面，其钢筋网的交叉点应绑扎或焊接，并应每隔 18~24 m 设引下线接地一次。

二类、三类防雷场所，利用建筑物钢筋混凝土内的梁、柱、基础钢筋作为引下线，其间距沿周长计算不宜大于 18 m。建筑物的跨度较大，无法在跨距中间设引下线，在跨距两端设引下线并减小其他引下线的间距。在金属框架的建筑物中,或在钢筋连接在一起、电气贯通的钢筋混凝土框架的建筑物中,金属物或线路与引下线之间的间隔距离可无要求;在其他情况下,金属物或线路与引下线之间的间隔距离应按下式计算:

$$S_{a3} \geqslant 0.06 k_c L_x \tag{6-8}$$

式中:S_{a3}——空气中的间隔距离(m);

L_x——引下线计算点到连接点的长度(m),连接点即金属物或电气和电子系统线路与防雷装置之间直接或通过电涌保护器相连之点。

当金属物或线路与引下线之间有自然或人工接地的钢筋混凝土构件、金属板、金属网等静电屏蔽物隔开时,金属物或线路与引下线之间的间隔距离可无要求。

当金属物或线路与引下线之间有混凝土墙、砖墙隔开时,其击穿强度应为空气击穿强度的1/2。当间隔距离不能满足式(6-8)的规定时,金属物应与引下线直接相连,带电线路应通过电涌保护器与引下线相连。

6.3 等电位连接检测

等电位连接的主要目的是平衡电位梯度,减少雷电反击,检测时不但要测试各金属导体连接的导通值,也要测试带电导体经 SPD 连接的实际导通情况。首先是总等电位连接带的检查和测试,测试 LPZ0 区到 LPZ1 区的总等电位连接状况,如已实现其与防雷接地装置的两处以上连接,应进一步检查连接质量、连接导体的材料和尺寸。然后找到基准点,先测试该点与接地装置的导通值,确定后,利用等电位连接测试仪按各防雷场所的要求进行逐项测试。

一类防雷场所,平行敷设的管道、构架和电缆金属外皮等长金属物,其净距小于 100 mm 时,应采用金属线跨接,跨接点的间距不应大于 30 m;交叉净距小于 100 mm 时,其交叉处也应跨接;长金属物的弯头、阀门、法兰盘等连接处用金属线跨接。跨接后与基准点过渡电阻大于 0.03 Ω。排放爆炸危险气体、蒸气或粉尘的金属管道应与建筑物装设等电位连接环连接,等电位连接环可作为电气设备的等电位连接干线环路。

所有防雷电感应的引下线、建筑物的金属结构和金属设备均应连到等电位连接环上。

二类、三类防雷场所,等电位连接检测主要完成各防雷界面的等电位连接测试,包括设备间等电位测试,二类防雷建筑物 45 m 高以上的金属门窗、金属构件、LEB 端子测试,三类防雷建筑物 60 m 高以上的金属门窗、金属构件、LEB 端子测试。基准点的选取与一类防雷场所相同,但由于二、三类防雷场所往往面积大,单元结构分层多,应按区域测试,更换区域时,必须订正基准点。总的来说,二、三类防雷场所等电位连接的检查和测试主要针对大尺寸金属物的连接检查与测试,检查设备、管道、构架、均压环、钢骨架、钢窗、放散管、吊车、金属地板、电梯轨道、栏杆等大尺寸金属物与接地装置的连接情况。如已实现连接,应进一步检查连接质量、连接导体的材料和尺寸。有平行敷设的长金属物时,检查平行或交叉敷设的管道、构架和电缆金属外皮等长金属物,其净距小于规定要求值的线跨接情况。如已实线跨接,应进一步检查连接质量、连接导体的材料和尺寸,过渡电阻不大于 0.03 Ω。

埋地引入的低压配电线路等电位连接检测。先检查低压配电线路是否全线埋地或敷设在架空金属线槽内引入。如全线采用电缆埋地引入有困难,应检查电缆埋地长度和电缆与架空线连接处使用的浪涌保护器、电缆金属外皮、钢管和绝缘子铁脚等接地连接质量及连接导体的材料和尺寸。架空金属管道进入建筑物前是否接地一次,进一步检查连接质量,建筑物内竖直敷设的金属管道及金属物与建筑物内钢筋就近不少于两处的连接,如已实现连接,应进一步检查连接质量。当建筑物内有信息系统设备时,进行等电位连接的检查测试,检查信息系统设备与建筑物共用接地系统连接的基本形式,如采用 S 型连接,应检测信息系统设备的所有金属组件,除在接地基准点(ERP)处外,是否达到规范要求。等电位连接的过渡电阻的测试采用空载电压 4~24 V,最小电流为 0.2 A 的等电位连接测试仪进行检测,过渡电阻值一般不应超过 0.03 Ω。

载流导体的等电位连接检测。因为载流导体的等电位连接是通过电涌保护器(SPD)来实现的,而电涌保护器(SPD)至少含有一个非线性元件,使得等电位连接成为以残压为基准的等电位连接,电涌保护器(SPD)原则上和等电位连接位置应在各防雷区的交界处,但当线路能承受预期的电涌电压时,SPD 可安装在被保护设备处。SPD 必须能承受预期通过它们的雷电流,并具有通过电涌时的电压保护水平和有熄灭工频续流的能力。当电源采用 TN 系统时,从总配电盘(箱)开始引出的配电线路和分支线路必须采用 TN-S 系统。选择 220/380 V 三相系统中的电涌保护器,U_c 值应符合表 6-4 的规定。

表 6-4　电涌保护器取决于系统特征所要求的最大持续运行电压最小值

电涌保护器接于	配电网络的系统特征				
	TT 系统	TN-C 系统	TN-S 系统	引出中性线的 IT 系统	无中性线引出的 IT 系统
每一相线与中性线间	$1.15U_0$	不适用	$1.15U_0$	$1.15U_0$	不适用
每一相线与 PE 线间	$1.15U_0$	不适用	$1.15U_0$	$\sqrt{3}U_0$①	相间电压①
中性线与 PE 线间	$U_0$①	不适用	$U_0$①	$U_0$①	不适用
每一相线与 PEN 线间	不适用	$1.15U_0$	不适用	不适用	不适用

注:1. 标有①的值是故障下最坏的情况,所以不需计及 15% 的允许误差;
　　2. U_0 是低压系统相线对中性线的标称电压,即相电压 220 V;
　　3. 此表基于按现行国家标准《低压配电系统的电涌保护器(SPD) 第 1 部分:性能要求和试验方法》(GB 18802.1) 做过相关试验的电涌保护器产品。

电子系统中设备信号电涌保护器的 U_c 值一般应高于系统运行时信号线上的最高工作电压的 1.2 倍,信号电涌保护器(SPD)原则上应设置在金属线缆进出建筑物(机房)的防雷区界面处,但由于工艺要求或其他原因,受保护设备的安装位置不会正好设在防雷区界面处,在这种情况下,当线路能承受所发生的电涌电压时,也可将信号电涌保护器(SPD)安装在保护设备端口处。信号电涌保护器(SPD)与被保护设备的等电位连接导体的长度应尽可能短,以减少电感电压降对电压保护水平的影响。导线连接过渡电阻应不大于 0.03 Ω。表 6-5 提供了常用电子系统工作电压与 SPD 额定工作电压的对应关系参考值。

表 6-5　常用电子系统工作电压与 SPD 额定工作电压的对应关系参考值

序号	通信线类型	额定工作电压(V)	SPD 额定工作电压(V)
1	DDN/X.25/帧中继	<6 或 40~60	18 或 80
2	xDSL	<6	18
3	2 M 数字中继	<5	6.5
4	ISDN	40	80
5	模拟电话线	<110	180
6	100 M 以太网	<5	6.5

续表

序号	通信线类型	额定工作电压(V)	SPD 额定工作电压(V)
7	同轴以太网	<5	6.5
8	Rs232	<12	18
9	Rs422/485	<5	6
10	视频线	<6	6.5
11	现场控制	<24	29

SPD 的连线应符合标准中连接导线的最小截面要求,SPD 两端的引线长度不宜超过 0.5 m。SPD 应安装牢固。

低压配电系统中电源 SPD 的 U_p 应低于被保护设备的耐冲击过电压额定值 U_w,一般应加上 20% 的安全裕量,即有效的电压保护水平 U_{PCD} 低于 0.8 倍的 U_w,U_w 值可参见表 6-6。ΔU 为 SPD 两端引线上产生的电压,一般取 1 kV/m(8/20 μs,20 kA 时)。

表 6-6　建筑物内 220/380 V 配电系统中设备绝缘耐冲击电压额定值(U_w)

设备位置	电源处的设备	配电线路和最后分支线路的设备	用电设备	特殊需要保护的设备
耐冲击电压类别	Ⅳ类	Ⅲ类	Ⅱ类	Ⅰ类
耐冲击电压额定值 U_w(kV)	6	4	2.5	1.5

注:Ⅰ类——需要将瞬态过电压限制到特定水平的设备,含电子电路的设备,如计算机、有电子程序控制的设备;

Ⅱ类——如家用电器(不含计算机及含有计算机程序的家用电器)、手提工具、不间断电源设备、整流器和类似负荷;

Ⅲ类——如配电盘,断路器,包括线路、母线、分线盒、开关、插座等固定装置的布线系统,以及应用于工业的设备和永久接至固定装置的固定安装的电动机等的一些其他设备;

Ⅳ类——如电气计量仪表、一次线过流保护设备、滤波器。

当被保护设备的 U_w 与 U_0(ΔU)的关系满足时,被保护设备前端可只加一级 SPD,否则应增加 SPD_2 乃至 SPD_3,直至满足规定为止。当在线路上多处安装 SPD 时,SPD 之间的线路长度应按试验数据采用;若无此试验数据时,电压开关型 SPD 与限压型 SPD 之间的线路长度不宜小于 10 m,若小于 10 m 应检测是否加装退耦元件。限压型 SPD 之间的线路长度不宜小于 5 m,若小于 5 m 应检测是否加装退耦元件。

SPD 运行期间,会因长时间工作或因处在恶劣环境中而老化,也可能因受雷击电涌而引起性能下降、失效等故障。因此,需定期进行检测。如测试结果表明 SPD 劣化,或状态指示指出 SPD 失效,应及时更换。

除电压开关型外,SPD 在并联接入电网后都会有微安级的电流通过,如果此值偏大,说明 SPD 性能劣化,应及时更换。使用防雷元件测试仪或泄漏电流测试表对限压型 SPD 的漏电流进行静态试验。规定在 $0.75 U_{1mA}$ 下测试。

首先应取下可插拔式 SPD 的模块或将线路上两端连线拆除,多组 SPD 应按图 6-1 所示连接逐一进行测试。测试仪器使用方法见仪器使用说明书。

合格判定:当实测值大于生产厂标称的最大值时,判定为不合格,如生产厂未标定出漏电流值时,一般不应大于 20 μA。

注:SPD 泄漏电流在线测试方法在研究中,一般认为由于存在阻性电流和容性电流,其值应在 1 mA 级范围内。

启动电压的测试,主要适用于以金属氧化物压敏电阻(MOV)为限压元件且无其他并联元件的 SPD。主要测量在 MOV 通过 1 mA 直流电流时,其两端的电压值。将 SPD 的可插拔模块取下测试,按测试仪器说明书连接进行测试。如 SPD 为一件多组并联,应用图 6-1 所示方法测试,SPD 上有其他并联元件时,测试时不对其接通。

注:带滤波或限流元件的 SPD 测试方法在研究中。

合格判定:当 U_{ImA} 值不低于交流电路中 U_0 值 1.86 倍时,在直流电路中为直流电压 1.33~1.6 倍时,在脉冲电路中为脉冲初始峰值电压 1.4~2.0 倍时,可判定为合格,也可与生产厂提供的允许公差范围表对比判定。电信和信号线路上所接入的电涌保护器,其最大持续运行电压最小值应大于接到线路处可能产生的最大运行电压。用于电子系统的电涌保护器,其标记的直流电压 U_{DC} 也可用于交流电压 U_{AC} 的有效值,反之亦然,它们之间的关系为 $U_{DC} = \sqrt{2} U_{AC}$。

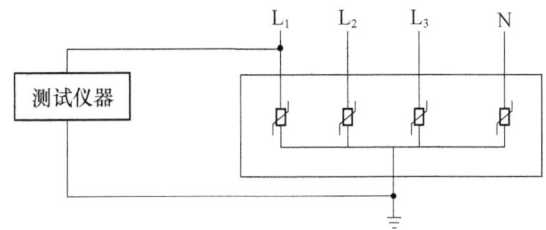

图 6-1 多组 SPD 逐一测试示意图

6.4 屏蔽措施检测

屏蔽措施是为减少因雷电流产生电磁干扰的感应效应而采取的基本屏蔽措施,改进室内电磁环境,防止雷击电磁脉冲在建筑物遭受直接雷击或附近遭雷击的情况下,过电流和过电压对设施造成损害,检测过程中,主要检测建筑物的外部屏蔽措施,是否以合适的路径敷设线路,线路是否屏蔽等。

外部屏蔽措施。所有与建筑物组合在一起的大尺寸金属件都应等电位连接在一起,并与引下线、接地装置相连,包括屋顶金属表面、立面金属表面、混凝土内钢筋和金属门窗框架等,使建筑物整体形成等电位面的导体,按趋肤效应原理,减少等电位面以内空间导体的电荷分布密度。

在需要保护的空间内,采用屏蔽电缆时其屏蔽层应至少在两端,并宜在防雷区交界处做等电位连接,应采用双层屏蔽,外层屏蔽两端接地。因为屏蔽是减少电磁干扰的基本措施,屏蔽层仅一端接地而另一端悬浮时,只能防静电感应,防不了磁场强度变化所感应的电压。为减少屏蔽芯线的感应电压,因此,在屏蔽层仅一端接地时,采用绝缘隔开的双层屏蔽,外层屏蔽应两端接地的情况下,外屏蔽层与其他同样做了接地的导体构成环路,产生降低源磁场强度的磁通,抵消无外屏蔽层时所感应的电压。

各建筑物之间的非屏蔽电缆可敷设在金属管道内或敷设在金属格栅或钢筋呈格栅形的混凝土管道中,这些金属物从一端到另一端应是导电贯通的,并分别连到各分开的建筑物的接地装置上,从而达到屏蔽效能。

对建筑物首次检测时,许多建筑物工程,在建设初期甚至建成后,仍不知其用途。但是,对于雷击电磁脉冲的防护措施中,屏蔽是主要的防护方式,建筑物的自然屏蔽物和各金属物以及与以后安装的设备之间的等电位连接是很重要的,若建筑物施工完成后,再回过来完成屏蔽措施是很困难的。屏蔽措施实现后,只要合理选用和安装 SPD 以及做符合要求的等电位连接,雷电防护的整个综合措施就完善了,做起来也较容易,检测时,将需要保护的空间划分成不同防雷区按规范要求进行等电位连接参数检测,见图 6-2 和图 6-3。

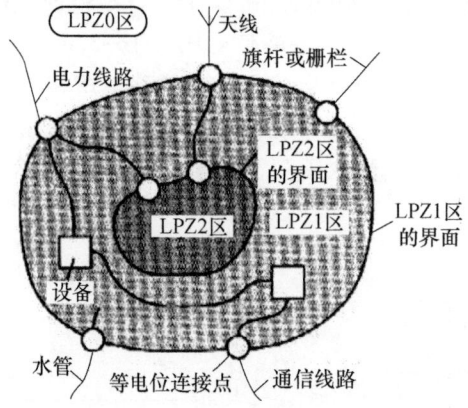

图 6-2 将一个需要保护的空间划分为不同防雷区的一般原则

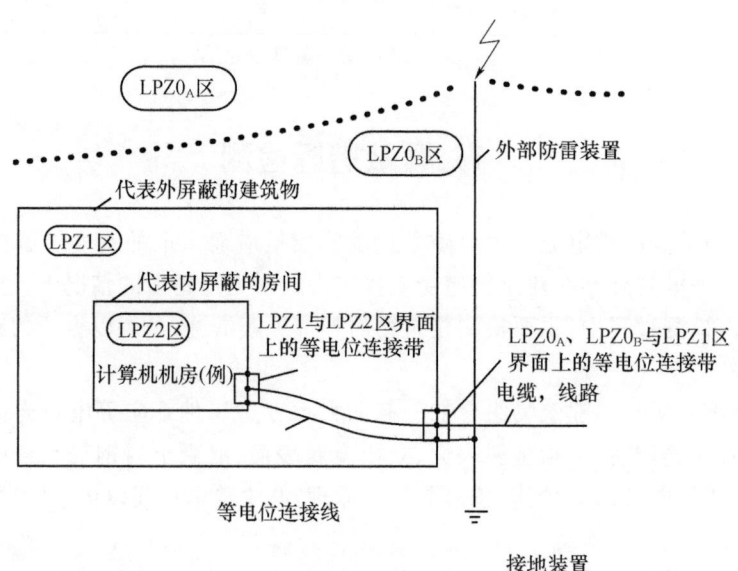

图 6-3 防雷区的等电位连接实现屏蔽

  将建筑物划分为几个防雷区和做符合要求的等电位连接,所有电力线和信号线从同一处进入被保护空间 LPZ1 区,并在设于 LPZ0$_A$ 或 LPZ0$_B$ 与 LPZ1 区界面处的等电位连接带上做等电位连接。这些线路在设于 LPZ1 与 LPZ2 区界面处的内部等电位连接带上再做等电位连接。将建筑物的外屏蔽连接到等电位连接带上,内屏蔽连接到 MEB 端子上。LPZ2 是这样构成,使雷电电流不能导入此空间,也不能穿过此空间。在两个防雷区的界面上将所有通过界面的金属物做接地连接,实现屏蔽措施。注:LPZ0$_A$ 与 LPZ0$_B$ 区之间无界面。

  防雷装置检测过程中,为了对屏蔽测试结果科学判定,需要对磁场强度的衰减进行计算,从而判定屏蔽效能是否符合要求。但往往检测对象未对屏蔽效率进行试验,因此,磁场强度的衰减应按下列方法计算。

  当闪电击发生在格栅形大空间屏蔽附近以外时,无屏蔽时所产生的无衰减磁场强度 H_0,

相当于处于 $LPZ0_A$ 和 $LPZ0_B$ 区内的磁场强度,按下式计算:

$$H_0 = i_0/(2\pi S_a) \tag{6-9}$$

式中:H_0——无屏蔽时产生的无衰减磁场强度(A/m);

i_0——最大雷电流(A);

S_a——雷击点与屏蔽空间之间的平均距离(m)。

附近雷击时的环境情况如图 6-4 所示。

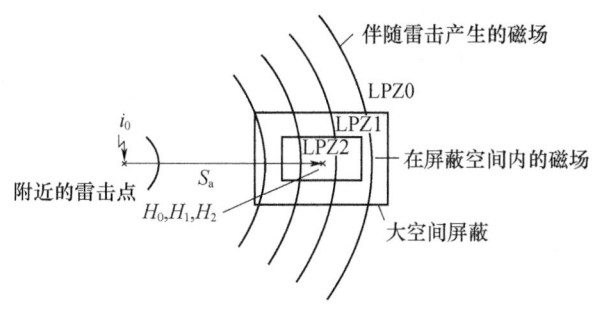

图 6-4 附近雷击时的环境情况

当建筑物或房间有屏蔽时,在格栅形大空间屏蔽内,即在 LPZ1 区内的磁场强度从 H_0 减为 H_1,按式(6-10)计算:

$$H_1 = H_0/10^{SF/20} \tag{6-10}$$

式中:H_1——格栅形大空间屏蔽内的磁场强度(A/m);

SF——屏蔽系数(dB),按表 6-7 的公式计算。

表 6-7 的计算值应仅对在各 LPZ 区内距屏蔽层有一安全距离的安全空间内才有效(图 6-5),安全距离应按下式计算:

当 $SF \geq 10$ 时:

$$d_{s/1} = w^{SF/10} \tag{6-11}$$

当 $SF < 10$ 时:

$$d_{s/1} = w \tag{6-12}$$

式中:$d_{s/1}$——安全距离(m);

w——格栅形屏蔽的网格宽(m);

SF——按表 6-7 计算的屏蔽系数(dB)。

表 6-7 格栅形大空间屏蔽的屏蔽系数

材料	SF(dB)	
	25 kHz①	1 MHz② 或 250 kHz
铜/铝	$20 \times \lg(8.5/w)$	$20 \times \lg(8.5/w)$
钢③	$20 \times \lg[(8.5/w)/\sqrt{1+18 \times 10^{-6}/r^2}]$	$20 \times \lg(8.5/w)$

注:① 适用于首次雷击的磁场;

② 1 MHz 适用于后续雷击的磁场,250 kHz 适用于首次负极性雷击的磁场;

③ 相对磁导系数 $\mu_r \approx 200$;

1. w 为格栅形屏蔽的网格宽(m);

r 为格栅形屏蔽网格导体的半径(m);

2. 当计算式得出的值为负数时取 $SF=0$;若建筑物具有网格形等电位连接网络,SF 可增加 6 dB。

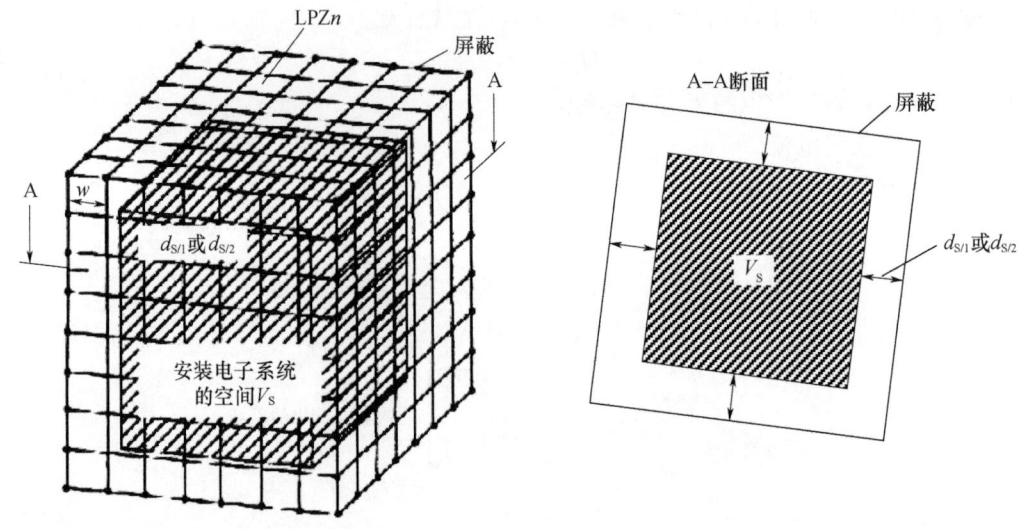

图 6-5 在 LPZn 区内供安放电气和电子系统的空间

(空间 V_s 为安全空间)

在闪电直接击在位于 LPZ0_A 区的格栅形大空间屏蔽或与其连接的接闪器上的情况下，其内部 LPZ1 区内安全空间内某点的磁场强度 H_1 应按式(6-13)计算：

$$H_1 = k_H \cdot i_0 \cdot w/(d_w \cdot \sqrt{d_r}) \tag{6-13}$$

式中：H_1——安全空间内某点的磁场强度(A/m)；

d_r——所确定的点距 LPZ1 区屏蔽顶的最短距离(m)；

d_w——所确定的点距 LPZ1 区屏蔽壁的最短距离(m)；

k_H——形状系数$(1/\sqrt{m})$，取 $k_H = 0.01(1/\sqrt{m})$；

w——LPZ1 区格栅形屏蔽的网格宽(m)。

式(6-13)的计算值仅对距屏蔽格栅有一安全距离的安全空间内有效，安全距离应按下列公式计算，电子系统应仅安装在安全空间内：

当 $SF \geqslant 10$ 时：

$$d_{s/2} = w \cdot SF/10 \tag{6-14}$$

当 $SF < 10$ 时：

$$d_{s/2} = w \tag{6-15}$$

式中：$d_{s/2}$——安全距离(m)。

信息设备应仅安装在安全空间内。信息设备的干扰源不应取紧靠格栅的特强磁场强度。

流过包围 LPZ2 区及以上区的格栅形屏蔽的分雷电流将不会有实质性的影响作用，处在 LPZn 区内 LPZ$n+1$ 区的磁场强度将由 LPZn 区内的磁场强度 H_n 减至 LPZ$n+1$ 区内的 H_{n+1}，其值可按下式计算：

$$H_{n+1} = H_n/10^{SF/20} \tag{6-16}$$

式(6-16)适用于 LPZ$n+1$ 区内距其屏蔽有一安全距离 $d_{s/1}$ 的空间 V_s。$d_{s/1}$ 应按式(6-11)计算。

雷电流参量估算，当分流值无法估算时，按以下方法确定：全部雷电流 i 的 50% 流入建筑物防雷装置的接地装置，另 50%，即 i_s 分配于引入建筑物的各种外来导电物、电力线、通信线等设施。流入每一设施的电流 i 等于 i_s/n,n 为上述设施的个数。流经无屏蔽电缆芯线的电流 i_v 等于电流 i 除以芯线数 m,即 $i_v=i/m$(图 6-6);对有屏蔽的电缆,绝大部分的电流将沿屏蔽层流走,尚应考虑沿各种设施引入建筑物的雷电流,应采用以上两值的较大者。

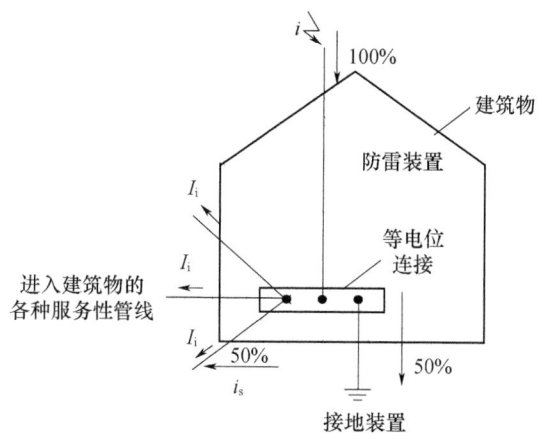

图 6-6 建筑物的各种设施之间的雷电流分配

6.5 接地电阻测试

接地电阻是表征防雷系统功能的一个重要参数,由接地材料自身电阻(导电材料的固有属性)、接地体与土壤之间的接触电阻、电流输入接地装置时呈现的散流电阻三个部分组成,通常情况下采用三极法,用接地电阻测量仪测量接地装置的接地电阻,其测得的值为工频接地电阻值,当需要冲击接地电阻值时,接地装置冲击接地电阻与工频接地电阻的换算,应按下式计算:

$$R_\sim = A \times R_i \tag{6-17}$$

式中:$R_\sim$——接地装置各支线的长度取值小于或等于接地体的有效长度 l_e,或者有支线大于 l_e 而取其等于 l_e 时的工频接地电阻(Ω);

A——换算系数,其值宜按图 6-7 确定;

R_i——所要求的接地装置冲击接地电阻(Ω)。

接地体的有效长度应按下式计算:

$$l_e = 2\sqrt{\rho} \tag{6-18}$$

式中:l_e——接地体的有效长度(m),应按图 6-8 计量;

ρ——敷设接地体处的土壤电阻率($\Omega \cdot m$)。

从式(6-17)可知,只要工频接地电阻值符合规范要求,其冲击接地电阻值也符合规范要求。

三极法的三极是指图 6-9 所示的被测接地装置 G,测量用的电压极 P 和电流极 C。图 6-9 中测量用的电流极 C 和电压极 P 离被测接地装置 G 边缘的距离分别为:$d_{GC}=(4\sim5)D$ 和 $d_{GP}=(0.5\sim0.6)d_{GC}$,$D$ 为被测接地装置的最大对角线长度,点 P 可以认为是处在实际的零电位区内。为了较准确地找到实际零电位区,可把电压极沿测量用电流极与被测接地装置之间连接线方向移动三次,每次移动的距离约为 d_{GC} 的 5%,测量电压极 P 与接地装置 G 之间的电压。如果电压表的三次指示值之间的相对误差不超过 5%,则可以把中间位置作为测量用电压极的位置。

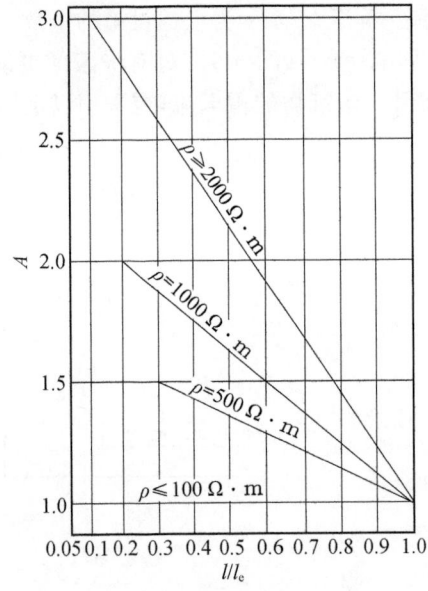

图 6-7 换算系数 A

(l 为接地体最长支线的实际长度,其计量与 l_e 类同;当 l 大于 l_e 时,取其等于 l_e)

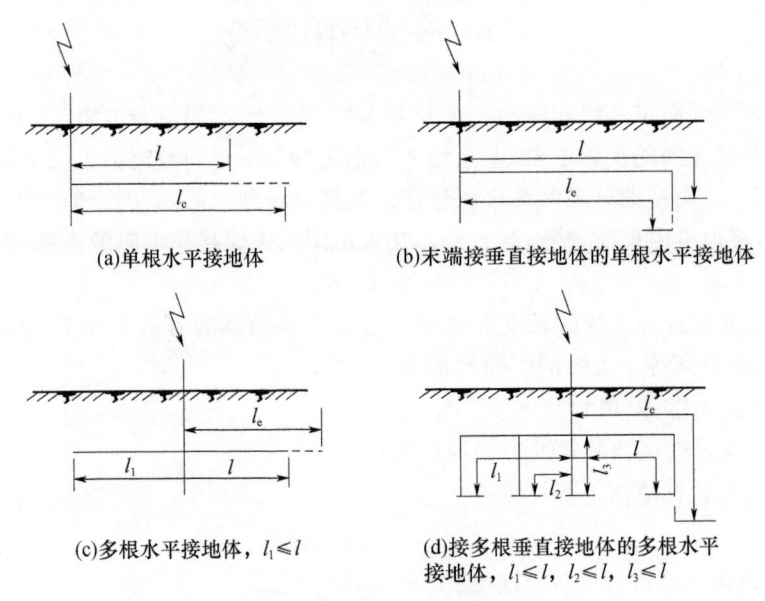

图 6-8 接地体有效长度的计量

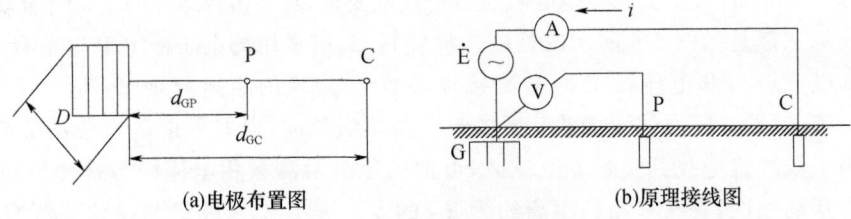

图 6-9 三极法的原理接线图

(G:被测接地装置;P:测量用的电压极;C:测量用的电流极;E:测量用的工频电源;
A:交流电流表;V:交流电压表;D:被测接地装置的最大对角线长度)

把电压表和电流表的指示值 U_c 和 I 代入式 $R_G=U_G/I$ 中去,得到被测接地装置的工频接地电阻 R_G。当被测接地装置的面积较大而土壤电阻率不均匀时,为了得到较可信的测试结果,宜将电流极离被测接地装置的距离增大,同时电压极离被测接地装置的距离也相应地增大。

在测量工频接地电阻时,如 d_{GC} 取 $(4\sim5)D$ 值有困难,当接地装置周围的土壤电阻率较均匀时,d_{GC} 可以取 $2D$ 值,而 d_{GP} 取 D 值;当接地装置周围的土壤电阻率不均匀时,d_{GC} 可以取 $3D$ 值,d_{GP} 取 $1.7D$ 值。在理想状况下,取 $L_{GP}=0.618L_{GC}$ 的布极方式,可使电压极取得相对于接地体的正确的零电位位置,但实际中,各方面的条件不会如此理想,使用接地电阻表(仪)进行接地电阻值测量时,宜按选用仪器的要求进行操作。

防雷电感应的接地装置应与电气和电子系统的接地装置共用,其工频接地电阻以设备要求的最小值为基准。防雷电感应的接地装置与独立接闪杆、架空接闪线或架空接闪网的接地装置之间的间隔距离按式(6-1)、式(6-2)计算,但不小于 3 m。

通常使用的小型接地电阻测试仪的输出电流约 800 mA,对于测试一般类型的接地装置,其数据是有效的,但随着城市综合体、大容量变电站的增加,其接地装置的等效面积大于 5000 m² 以上。此时若使用小型接地电阻测试仪测试,由于其采用直流供电,输出电流小,容易受接地网中的杂散电流干扰,从而导致测量误差过大,影响最终测试结果的准确性,且无法进行大地网电气完整性、场区地表电位梯度分布、接地阻抗参数测试。因此,《接地装置特性参数测量导则》(DL/T 475—2006)推荐采用异频电流法测试大型接地装置,试验电流 3～20 A,频率在 40～60 Hz。实际检测过程中,一般取 45 Hz 和 55 Hz 两种频率,不断改变电流极的注入电流,记录回路阻抗、电抗分量、输出电流等测试数据,多次测量结束后,对测试数据进行分析,得出正确的测试结果。

6.6 大型接地装置检测

目前大型地网的接地电阻的测试主要采用工频大电流三极法测量。为了防止工频电流产生的干扰,提高测量结果的准确性,工频大电流法的试验电流不得小于 30 A,输出电压可升到 800 V。由此,就出现了试验设备笨重,试验过程复杂,试验人员工作强度大,试验时间长,高电压、强电流等诸多问题。目前国内外进行工频接地电阻测量时最常采用的三极法就是由测量电极 G、电流极 C、电压极 P 这三极构成的测量系统,且这三极位于一直线上。实际上三极法只是泛指一种布线方法,包括多种具体的测量方式。三极法测量方式接线方法基于电压-电流原理,简单地说,向待测接地体 G 注入电流,并测量接地体上的电压,将测量得到的电压电流相除,就可以得到接地体的接地电阻。电流在待测接地体-大地-电流极间形成的回路中流通,使得地表电位发生变化,并不能简单地将测量电极与电流极的中点视为零电位点,若电压极布置不当,会使得测量产生误差。在理想状况下,通过计算,取 $L_{GP}=0.618L_{GC}$ 的布极方式,可使电压极取得相对于接地体的正确的零电位位置。但实际中,由于采用工频电流,50 Hz 人工频干扰是不可避免的,输出电压 400～800 V,测试过程中要避开行人和大牲畜,避免发生安全事故。

采用异频法对大型接地装置进行测试,布线劳动量小,无须大电流线,抗 50 Hz 工频干扰能力强。异频法早在 20 世纪 50 年代,先进国家就提出了用异于工频的实验电流测量带电设备接地装置接地电阻的设想。到了 20 世纪 70 年代前后,日本、加拿大、墨西哥等国成功地应用了 60±10 Hz、50±10 Hz 进行了工频接地电阻的测量,我国各地电力实验研究所分别开展了变频电源及带通滤波器的研制工作。90 年代我国异频研究方面取得了一些进展,由于技术或方法上的原因,未能达到使用水平。十几年来取得了新的突破,异频法与传统的工频大电流法原理相同,均基于电流-电压法,可以采用与普通三极法相同的布线测量方式。异频法使用变频电源,在偏离工频的频率下测试,地网干扰经过选频滤波被消除,因而测量结果不受系统电源的影响,不会因地网是否在运行或干扰信号的存在而受到影响,同时选频也消除了地网中的高频干扰。采用异频法测量时,要增加输出入注电流,在设备参数范围内,可采取降低辅助接地极接地阻抗的方式来实现。

采用异频法对大型接地装置进行测量,降低了测量电流,减小了导线直径,减小了布线强度。注入电流小、电平低、安全性好,消除干扰对测量结果的影响,但是,由于频率交变,回路阻抗对测量结果的影响必须予以重视,电流线与电压线在布置过程中,要有足够的间距,通常情况下不应小于 2 m。

6.7 回路阻抗对大地网测试的影响

小型接地电阻测试仪无法进行大地网电气完整性、场区地表电位梯度分布、接地阻抗参数测试。《接地装置特性参数测量导则》(DL/T 475—2006)推荐采用异频电流法测试大型接地装置,试验电流 3～20 A,频率在 40～60 Hz。影响大地网最终测试结果的因素主要有回路阻抗、电抗分量、输出电流,本节通过测试实例,分析回路阻抗对测试结果的影响。

6.7.1 回路阻抗

在电气回路中,无电感、电容的元件对电流的阻碍作用称为电阻,电感对电流的阻碍作用称为感抗,电容对电流的阻碍作用称为容抗,感抗和容抗统称为电抗。在每个电气回路中,电阻对交、直流的阻碍作用是一样的,但电抗则不同,当电抗呈容性时,对电流的阻碍作用随频率的增加而减小,当电抗呈感性时,对电流的阻碍作用随频率的增加而增大。在大地网测试中,回路阻抗主要由电流极和电压极的极间电阻(此值与测试环境的土壤电阻率有关)、电流极和电压极线缆的分布电感、分布电容组成,其表征公式为:

$$Z=R+jx \quad (x=x_l-x_c; x_l=1/wl; x_c=1/wc; w=2\pi f) \quad (6-19)$$
$$Z=R+j(x_l-x_c)=R+jZ_\Delta$$

从表征公式中可知,在任何测试环境下,回路阻抗中 R 是回路中接触电阻、散流电阻的总和,是影响最终结果的主要因素,回路阻抗中 jZ_Δ 属电抗部分,电抗影响可以通过增大电流线与电位线的间隔距离,消除影响。

在大地网测试时,由于采用交流 220 V/50 Hz 供电,且输出电流为 45 Hz/55 Hz 的变频电流,电流极和电压极的分布电感和分布电容将产生回路阻抗的 jZ_Δ 部分,其增量可用式(6-20)计算:

$$Z_\Delta=\frac{1}{\partial} \cdot \frac{2w\mu_0}{4\pi} \cdot \frac{1}{\partial l} \quad (6-20)$$

式中:∂——特性函数,$\partial=\sqrt{\dfrac{w\mu_0}{\rho}}$;

μ_0——真空磁导率,$\mu_0=4\pi\times10^{-7}\text{N/A}$;

ρ——土壤电阻率,测量回路辅助接地极的土壤电阻率按中电阻率计算,取 500 Ω·m;

w——角频率,$w=2\pi f$;

l——电流极线缆与电压极线缆的并行长度,取电压极线缆长度。

在大地网测试中,电流极线缆长度为接地网最大对角线长度的 4~5 倍,电压极线缆长度为电流极线缆长度的 0.618 倍,在对某一对角线 320 m 的大地网进行实际测试时,电流极线缆长度:320×5=1600 m,电压极线缆长度:1600×0.618=988.8 m,因此,电流极线缆与电压极线缆间的电抗增量计算为:

将式(6-20)转化为式(6-21)。

$$Z_\Delta = \frac{1}{\partial} \cdot \frac{2\omega\mu_0}{4\pi} \cdot \frac{1}{\partial l} \cdot \frac{1}{\sqrt{\frac{\omega\mu_0}{\rho}}} = \frac{1}{\partial l} \cdot \frac{2 \times 2\pi f \mu_0}{4\pi} \cdot \frac{1}{\sqrt{\frac{\omega\mu_0}{\rho}}} \cdot \frac{1}{l} = \frac{f\mu_0}{\omega\mu_0} \cdot \frac{1}{l} = \frac{f\mu_0}{2\pi f \mu_0} \cdot \rho \cdot \frac{1}{l} = \frac{\rho}{2\pi l}$$
(6-21)

依据式(6-21)求解回路阻抗增量为:

$$Z_\Delta = \frac{f\mu_0}{2\pi f \mu_0} \cdot \rho \cdot \frac{1}{l} = \frac{\rho}{2\pi l} = \frac{500}{2 \times 3.14 \times 988.8} = 0.0806 \ \Omega = 80.6 \ \text{m}\Omega$$

经计算表明,使用大地网接地电阻测试仪测量大型地网时,回路阻抗中电抗与测试环境的土壤电阻率成正比,与电压极线缆的长度成反比,与电压极和电流极线缆的间距成反比。

采用大地网测试仪测量接地电阻时,为降低回路阻抗,可采取增加辅助接地极的数量,从而增大其与土壤的接触面积,降低接触电阻,也可在辅助接地极处浇水来降低土壤电阻率,再则,就是增加电流极和电压极线缆的间距,减小互感干扰,即降低电抗分量。如采用可调压、调频的大地网测试仪,为提高抗干扰能力,提高测量精度,可采取调高输出电压来降低回路阻抗的影响。

6.7.2 回路阻抗的特性分析

大地网测试过程中,主要参数有:回路阻抗、电抗分量、输出电流、接地电阻值、输出电流频率等,对某一对角线 320 m 的大地网进行实际测试时,电流极线缆长度:320×5=1600 m,电压极线缆长度:1600×0.618=988.8 m,电流极与电压极线缆间距为 3~5 m,采用 SDW-JD 型大地网测试仪测量,得出各分量见表 6-8。

表 6-8 大地网测试时各分量参数表

	第一次	第二次	第三次	第四次
回路阻抗(Ω)	0.410	0.427	0.332	0.330
输出电流(A)	1.25	1.24	1.27	1.26
频率(Hz)	45	55	45	55
地网接地电阻值(Ω)	0.419		0.326	
辅助接地极电阻(Ω)	132.0		122.0	

从表 6-8 中可以看出,回路阻抗越高,输出电流就越小,但在同一电流极和电压极位置测试的接地电阻值变化不是很大。在同一组测试数据中,频率越高,输出电流也就越小,主要影响参数为电抗分量,实际测试中,增大电压极线、电流极线间距,减小电抗分量,回路阻抗主要呈现的是回路中的接触电阻。从理论上来分析,在接地电阻的测试中,回路阻抗是一个复数,

但其复数的"实部"大体上遵循欧姆定律,在实际工作中,为方便、快捷地找到合理的测试方法,可直接用欧姆定律来预估和判断测试结果。

6.7.3 异频法与大电流三极法对比测试

为明确回路阻抗对大地网测试值的影响,在研究过程中采用异频变和大电流三极法对同一接地网进行对比测试,从而寻找减少回路阻抗对测试值的影响的方法。大型地网的接地电阻测试目前主要采用工频大电流三极法测量,为了防止工频干扰,提高测量结果的准确性,《电力设备预防性试验规程》规定:工频大电流法的试验电流不得小于 30 A。采用异频法测量技术,能在强干扰环境下准确测得工频 50 Hz 下的数据,测试电流最大 3~5 A,输出电压 120~400 V,阻抗范围 0~200 Ω,测试电流波形为正弦波,使用 45 Hz 和 55 Hz 两种频率进行测量,抗干扰能力强,基本误差为 0.005 Ω,可用来测量接地电阻、跨步电压、接触电压、土壤电阻率等参数。在本次研究过程中,就利用这两种方法对毕节飞雄机场的大型接地网进行对比测试,测试数据见表 6-9。

表 6-9　异频法与大电流三极法对比测试数据表

输出电压(V)	输出电流(A)	电流极线长(m)	电压极线长(m)	测试频率(Hz)	测试结果(Ω)
120.00	1.36	1600.00	800.00	45/55	0.347
120.00	2.43	1600.00	800.00	45/55	0.328
400.00	15.00	1600.00	800.00	50	0.362
800.00	30.00	1600.00	800.00	50	0.358

分析测试结果,异频法与大电流三极法对比测试结果误差在 0.015~0.03 Ω,在工程应用上是在允许误差的范围内。但是,采用异频法测试时,工作电压低,电流小,危险度低。同时,在考虑测试导线的载流量方面,采用异频法时,电流极、电压极测试导线的直径也要比大电流三极法的直径小得多,这样就减少测试的劳动强度。

无论采用大电流三极法还是异频法,当测试回路确定后,回路阻抗也就确定在某一数值范围内,只是大电流三极法为降低回路阻抗对测试的影响,可采取提高输出电压、增大输出电流来减少回路阻抗的影响。采用异频法测试大型接地网时,回路阻抗要降低到使输出电流达到设备标称电流的 80% 以上才足以抑制工频及其杂散电流的干扰。经计算分析,回路阻抗中贡献最大的是接触电阻,电抗部分的贡献值不太大,要降低回路阻抗,可将每组测试电极的垂直电极增加到 3~5 根,将测试电极的接地电阻降至 60 Ω 以下,输出电流才可能达到设备标称值的 80% 以上,从而提高抗干扰能力。由于在测试过程中,为不使输出电流偏差过大,测试频率最好不要超过 60 Hz。总之,在对大型接地网测试时,回路阻抗在设备允许的范围内时,测量结果受输出电流和输出电压的影响才不大。

第7章 检测数据及报告填写规定

防雷装置检测的最终体现形式是检测报告,数据的处理事关检测结论的科学性、客观性和公正性。因此,了解检测数据及报告填写规定非常重要。

7.1 年度检测数据及报告

7.1.1 封面报告格式

×防雷检字(××××)年。如:黔防雷检字(2020)年第(××××-×××)号(检测站编号-报告顺序号)。

如:黔西南中兴防雷检测站第5个检测报告,填写:第(0901-005)号,该栏目中的检测站编号各省可自行编排规定。

受检单位:填写受检测单位全称;单位地址:受检测单位的详细地址。

检测日期:进行检测的日期,填写格式:××××年××月××日或××××年××月××日-××××年××月××日。

有效日期:本次检测第一天检测日期相应于一年(或六个月)后日期且前推一日的日期,填写格式:××××年××月××日。

7.1.2 数据

接闪器高度数据保留小数两位,引下线数量、SPD通流量及动作电压取整数,其余实测数据保留小数一位。计量单位:除引下线根数外,其余均用国际标准符号。如平方毫米为mm^2,米为m,接地电阻单位欧姆为Ω。

检测报告表中的检测、复核、签发人员应亲笔签名,不得相互代签。按照公章使用规定,在检测报告表中检测日期上应盖检测专用章。

检测项目中,执行标准规定大于或等于的项目,填写实测数据中的最小值;执行标准规定小于或等于的项目,填写实测数据中的最大值。原始记录、检测报告表中无该项目时,对应表格栏填"—"。原始记录、检测报告表所检项目内容填写完成后,后续栏目出现空行时,应在记录表中记录的最后一行的下一行填写"以下空白"。

被检物体为实际测量得到的建筑物长度、宽度、高度,单位:m。填写格式:长度(A)—宽度(B)—高度(h),高度h取不含接闪器的建筑物最高高度。如:61.5—31.2—25.5,不规则建筑物体量的确定方法见附图。

圆柱形水塔或烟囱的体量为直径(距烟囱基础上部1 m处的外部直径)—水塔高度,单位:m,填写:∅(直径)—h(高度);如:3.5—45.0。

独立接闪器填写针尖到针脚(地面)的高度,或填写接闪线最低点到地面的高度,单位:m。

独立接闪针,填写最高高度,如:高度25 m的独立接闪针,填写"25.0"。独立接闪线,填写独立接闪线最低高度,如:高度20 m的独立接闪线,填写"20.0"。

1. 接闪器规格

针:填写针直径实际测试值,如:⌀11.8(mm)。

带:采用圆钢或扁钢明敷时,填写圆钢直径或扁钢截面(长×宽)实际测试值;暗敷时,填写"暗敷",如40×4扁钢接闪带,填写"—40.0×4.0"。

网:填写避雷网网格尺寸,如12.0×8.0。

线:填写接闪线截面积,如35.0。

金属屋面:填写"金属屋面"。

2. 接闪器高度

针:接闪杆顶到接闪杆脚的高度(m)。

带:接闪带支撑件高度。暗敷时,填写"暗敷"。

网:填写接闪网网格最低支撑件高度(m)。

接闪器类型为金属屋面时:填写"金属屋面"。

引下线数量:实际测试的引下线数量,单位:根。利用柱筋作为引下线时,填写"暗敷"。

引下线规格:实际测量出的引下线直径或截面积(mm)。当引下线数量填写为"暗敷"时,填写"柱筋"。屋面测试点接地电阻,填写屋面接闪器接地电阻数值。引下线地面测试点接地电阻在引下线断接卡或测试孔位置测试出的接地装置对地接地电阻值。

接地装置类型:利用建(构)筑物基础钢筋为接地装置时,填写"基础钢筋";为独立的接地装置时,填写"人工接地体"。

填写附表内未列出的防雷检测项目,计量单位根据测试项目具体内容确定。防闪电感应措施检测数据:消防控制室保护接地电阻是指消防控制室内接地汇集点对地接地电阻值。电梯保护接地电阻是指电梯机房内接地汇集点对地接地电阻值,无机房电梯是指控制箱内接地汇集点对地接地电阻值。室内设备接地电阻是指室内单个电气设备保护接地端对地接地电阻,如医院CT机、电子显微镜等。接地引入线规格是指接地装置至室内接地汇集点的连线规格。填写最小接地引入线截面积数值。

电涌保护器:接地(引入线)规格,填写最小接地引入线截面积数值。

接地电阻:填写入户端实际测试接地电阻值。浪涌保护器填写标签上型号。视窗颜色:填写模块式浪涌保护器视窗颜色,红、绿或黄,绿表示正常;黄表示性能变劣,应更换;红表示模块已损坏,应更换。填写对浪涌保护器实际测试的启动电压、漏电流的实测值。标明是第一级、第二级、第三级或者是信号SPD,安装位置为浪涌保护器实际安装位置,如总配电柜、楼层配电箱、机房配电箱。通流容量填写为浪涌保护器标签上标注的"标称放电电流In"数值。

低压线路埋地长度:低压线路(电源及信号线路)埋地引入建筑物的最小长度。实际测试大于15 m时,填写">15";实际测试小于15 m时,填写实际测试值。

填写报告原始记录内未列出的防雷检测项目时,计量单位:根据测试项目具体内容确定。

分栏结论填写"合格"或"不合格"。

7.1.3 检测报告综合结论

检测项目全部合格时,填写"所检项目符合执行标准规定"。

部分项目不符合执行标准规定时,列出不合格项目及其不符合执行标准的相应条款,并填写"其余所检项目符合执行标准规定"。

如:(1)屋面接闪针上悬挂电话线,不合格,GB 50057—2010,4.5.8。

(2)其余所检项目符合执行标准规定。

原始记录中,当所检防雷装置无不合格项目时,"备注"栏无须填写;存在不符合执行标准项目时,列出不合格项目及其不符合执行标准的相应条款。

如:屋面接闪针上悬挂电话线,不合格,GB 50057—2010,4.5.8。

天气情况:现场检测时天气情况,填写"阴"或"晴"。

7.2 加油加气站检测报告

7.2.1 年度检测数据及报告

加油加气站名称填写所检测加油加气站站名。防雷类别填写:二类。技术规范填写执行标准编号,如:GB 50057—2010、GB 50156—2012 等。

站房接闪器类型:根据现场检查情况,填写"针""带""钢架""金属屋面"。接闪器规格:填写实际测试得到的接闪器规格,如ϕ12.0、—40×4。如接闪器类型为金属屋面时,填写"金属屋面"。引下线数量:接闪器引下线数量,单位:根。利用柱筋作为引下线时,填写"暗敷"。引下线规格:实际测量得到的引下线直径或截面规格,如ϕ12.0、—40×4。引下线为暗敷时,引下线规格填写"柱筋"。测试点接地电阻:在引下线断接卡处测试出的接地电阻值。

7.2.2 油罐、气罐、加油加气机

卸油场防静电装置接地电阻:填写卸油场防静电装置测试得到的接地电阻值。罐体编号:填写1、2、3、4……此栏一格最多填写四个数字。

罐体是否埋地:填写"Y"或"N"。法兰盘是否金属跨接:当全部法兰盘进行了金属跨接时,填写"Y",否则填写"N"。油罐通气管接地电阻:填写在油罐通气管法兰盘上端测试得到的接地电阻值,此栏对应罐体编号,最多填写四个数据。

加油加气机编号:填写加油加气机实际编号的后四位数字。加油加气机接地电阻:按加油加气机实际编号对应测试的接地电阻。加油加气机接地电阻对应加油加气机编号顺序测试的加油加气机实测接地电阻值。接地线规格:填写加油加气机接地线(默认材料为多芯铜线)截面积。

配电房浪涌保护器:填写电涌保护器标称型号。如 DB 380—A20 等。浪涌保护器通流容量:填写电涌保护器标签上标注的"标称放电电流 I_n"数值各实际测试的启动电压、漏电流的实测值。电涌保护器接地线规格:填写电涌保护器至等电位连接点之间连线规格。电涌保护器接地电阻:填写电涌保护器接地端对地接地电阻值。配电柜接地线规格:填写由配电柜至等电位连接点之间连线(默认材料为多芯铜线)规格。配电柜接地电阻:填写由配电柜金属部位测试出的接地电阻值。发电机接地线规格:填写实际测试得到的发电机接地线(默认材料为多芯铜线)规格。发电机接地电阻:填写实际测试得到的发电机接地电阻值。

检测报告原始记录中未列出的加油加气站其他防雷检测项目,如加油加气站广告牌接地。计量单位根据检测项目确定。分栏结论:填写"合格"或"不合格"。

检测报告综合结论:检测项目全部合格时,填写"所检项目符合执行标准规定"。部分项目不符合执行标准规定时,列出不合格项目及其不符合执行标准的相应条款,并填写"其余所检项目符合执行标准规定"。

7.3 油库、气库设施检测报告

单位名称:填写油库或气库管理部门名称。防雷类别石油库、气库建筑物均为二类防雷建筑物。技术规范:石油库:填写 GB 50057—××××,GB 15599—××××。气库:填写 GB 50057—2010,GB 50028—2006。

其余执行标准:GB 50650—2011《石油化工装置防雷设计规范》、GB 50737—2011《石油储备库设计规范》等。项目或设施名称填写受检测设施名称,如:301 号罐、灌装车间 1 号充气嘴。接地点数:填写检查得到的实际接地点数。地线规格是指受检测设施接地线(默认材料为多芯铜线)截面积。接地电阻是指各测试点测得的接地电阻值。分栏结论:填写"合格"或"不合格"。

检测报告综合结论:检测项目全部合格时,填写"所检项目符合执行标准规定"。部分项目不符合执行标准规定时,列出不合格项目及其不符合执行标准的相应条款,并填写"其余所检项目符合执行标准规定"。

7.4 新建项目检测报告

7.4.1 封面及数据处理

报告号:填写与年检测报告相同。
工程名称:填写工程全称。
工程地址:填写工程详细地址。
建设单位:填写建设单位全称。
设计单位:填写工程设计单位全称。
施工单位:填写工程施工单位全称。
监理单位:填写工程监理单位全称。
检测单位:填写检测单位全称,并盖单位公章。
开工时间:填写工程开工时间,格式为××××年××月××日。
检测完成日期:填写检测完成的日期,格式为××××年××月××日。接闪器高度数据保留小数两位,引下线数量、SPD 通流量及动作电压取整数,其余表内数据保留小数一位。计量单位:除引下线根数外,其余均用国际标准符号,如平方毫米为 mm^2、米为 m。

检测报告表内检测、复核、签发人员应亲笔签名;并应按照公章使用规定,在检测完成日期上盖检测专用章。GB 50057—2010 为应填写的执行标准,其余执行标准根据项目内容填写。

7.4.2 基础检测记录表

天气情况:检测时天气情况,填写"阴"或"晴"。检测日期:进行基础检测的日期,填写格式为××××年××月××日。序号:填写1、2、3、4、5等。测试位置:由施工图上代表测试点位置的字母、数字组成,例如A轴交B轴。填写A-B,A轴交1轴,填写A-1。利用主筋数及主筋直径:就是用几根柱主筋做引下线就填写几根,例如用2根柱主筋填写2∅16.0。与桩基搭接长度:填写作为引下线柱主筋与桩基主筋搭接焊接的实际长度,当没有孔桩时,填写人工接地体与作为引下线柱主筋搭接焊接的实际长度。与地梁搭接长度:填写地梁钢筋与引下线主筋搭接焊接的实际长度。接地电阻:填写测试位置检测所得接地电阻。预留接地名称:填写预留接地名称,例如配电房、水泵房、电梯等。预留接地电阻:填写预留点所在位置检测所得的接地电阻。隐患及整改:要求列出不合格项目及其不符合执行规范条款,并列出具体整改要求。

7.4.3 引下线检测记录表

柱筋搭接长度:填写搭接焊接实际长度。柱筋搭接为钢筋对焊时,填写"气压焊";钢筋对焊为"丝接"时,填写"丝接";钢筋对焊为"绑扎"时,填写"绑扎"。与圈梁搭接长度:填写圈梁钢筋与引下线主筋搭接焊接的实际长度。均压环检测记录表环主筋规格:填写用于均压环的主钢筋直径。搭接长度:填写环主钢筋与环主钢筋搭接焊接的实际长度。接闪器规格:填写实际测试的针、带、网材型的大小。

圆钢:填写实际测试得到的直径,如∅12.0。

扁钢:填写宽度×厚度,如-40×4。

接闪器高度与年检测报告相同。屋面金属物接地电阻:填写水箱、爬梯等金属物的接地电阻。与引下线搭接长度:填写实际测试的针、带、网、线与引下线连接的实际长度。防侧击雷检测项目名称:填写外墙金属窗、护栏、玻璃幕墙等。接地线规格:填写连接外墙金属窗、护栏、玻璃幕墙等材型的大小,圆钢:填写直径,如∅12.0,扁钢:填写宽度×厚度,如-40×4。室内等电位连接检测时测试位置:填写卫生间预留接地、MEB、LEB等。接地线规格:填写接地线规格,铜线:填写截面积;扁铜带:填写宽度×厚度,如-40×4。连接情况:填写"连接""未连接"。等电位连接检测时接地点数:填写天面冷却塔、天面水箱、天面广告牌等的实际接地点数,格式为"1""2"等。地线规格:填写天面冷却塔、天面水箱、天面广告牌等的接地线规格,圆钢:填写直径,如∅12.0;扁钢填写宽度×厚度,如-40×4;多芯铜线:填写截面积。搭接长度:填写搭接焊接圆钢的最短实际长度,扁钢与扁钢或扁钢与其他金属物焊接时:填写3面焊。跨接线规格:填写金属跨接线截面积。浪涌保护器型号:填写电涌保护器标签上标注型号。通流容量:填写电涌保护器标签上标注的"标称放电电流I_n"数值,单位:kA。启动电压:填写浪涌保护器实际测试动作电压,单位:V;漏电流:填写浪涌保护器实际测试漏电流,单位为μA。接地线规格:填写接地线截面积。

检测报告原始记录中未列出的其他防雷检测项目,计量单位根据检测项目确定。分栏结论:填写"合格"或"不合格"。

检测报告综合结论:检测项目全部合格时,填写"所检项目符合执行标准规定"。部分项目不符合执行标准规定时,列出不合格项目及其不符合执行标准的相应条款,并填写"其余所检项目符合执行标准规定"。

附图：不规则建筑物体量的确定方法

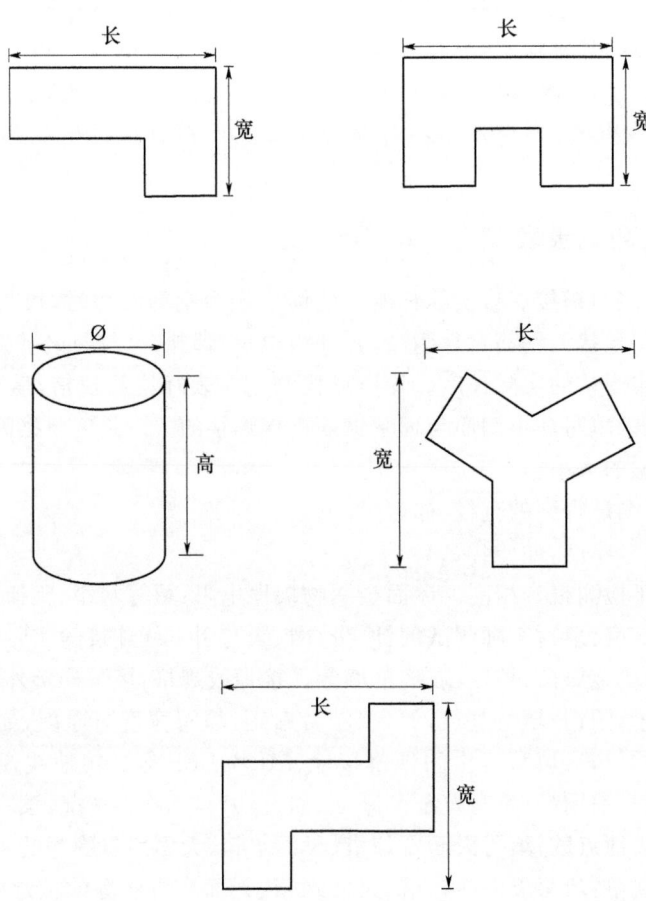

附表：常用防雷检测报告样式

××省(区、市)防雷装置检测报告

××防雷检字(　　)年
第　　号

受检单位：_____

单位地址：_____

检测时间：_____

有效日期：_____

××省(区、市)减灾防御中心监制

××省(区、市)防雷装置检测报告

受检物名称：　　　　　　　　　　防雷类别：　　　　　　　　检测日期：　年　月　日
技术规范：　　　　　　　　　　　天气情况：　　　　　　　　　　　　　共　页　第　页

	序号	项目	单位：	实测	结论
防直击雷措施	1	被检物体量(长-宽-高)	m		
	2	接闪器类型			
	3	接闪器规格	mm		
	4	接闪器高度	m		
	5	突出屋面金属物是否接地	Y/N		
	6	突出屋面非金属物是否受保护	Y/N		
	7	屋面水箱接地电阻	Ω		
	8	金属旗杆接地电阻	Ω		
	9	屋面测试点接地电阻	Ω		
	10	金属爬梯接地电阻	Ω		
	11	屋面广告牌金属构件接地电阻	Ω		
	12	引下线数量	根		
	13	引下线规格	mm		
	14	引下线地面测试点接地电阻	Ω		
	15	接地装置类型			

	项目名称	接地(引入线)规格(mm²)	接地电阻(Ω)
防闪电感应措施	消防控制室保护接地		
	消防管道接地		
	电梯保护接地		
	室内设备接地		
防雷击电磁脉冲措施	金属管线入户端		
	强电井金属线槽		
	弱电井金属线槽		
	配电柜保护接地		
	电涌保护器		
	电涌保护器型号	视窗颜色	
	低压线路埋地长度(m)		
其他			

结论：

测试仪表：　　　　　　　　检测：　　　　　　　复核：　　　　　　　签发：

第7章 检测数据及报告填写规定

××省(区、市)防雷装置检测原始记录

受检物名称：　　　　　　　　　防雷类别：　　　　　　　　检测日期：　年　月　日
技术规范：　　　　　　　　　　天气情况：　　　　　　　　　　　　共　页　第　页

	序号	项目	单位	实测	结论
防直击雷措施	1	被检物体量(长-宽-高)	m		
	2	接闪器类型			
	3	接闪器规格	mm		
	4	接闪器高度	m		
	5	突出屋面金属物是否接地	Y/N		
	6	突出屋面非金属物是否受保护	Y/N		
	7	屋面水箱接地电阻	Ω		
	8	金属旗杆接地电阻	Ω		
	9	屋面测试点接地电阻	Ω		
	10	金属爬梯接地电阻	Ω		
	11	屋面广告牌金属构件接地电阻	Ω		
	12	引下线数量	根		
	13	引下线规格	mm		
	14	引下线地面测试点接地电阻	Ω		
	15	接地装置类型			

	项目名称	接地引入线规格(mm²)	接地电阻(Ω)
防闪电感应措施	消防控制室保护接地		
	消防管道接地		
	电梯保护接地		
	室内设备接地		
防雷击电磁脉冲措施	金属管线入户端		
	强电井金属线槽		
	弱电井金属线槽		
	配电柜保护接地		
	电涌保护器		
	电涌保护器型号	视窗颜色	
	低压线路埋地长度(m)		
其他			

结论：

测试仪表：　　　　　　　　　检测：　　　　　　　　复核：

××省(区、市)防雷装置等电位连接检测报告

机房名称：　　　　　　　　　　防雷类别：　　　　　　　　　　检测日期：　年　月　日
技术规范：　　　　　　　　　　天气情况：　　　　　　　　　　　　　共　页　第　页

浪涌保护器	型号	安装位置	通流容量（kA）	地线规格（mm²）	接地电阻（Ω）	结论

	序号	设备名称	地线规格（mm²）	接地电阻（Ω）	结论
配电室设备等电位连接测试	1				
	2				
	3				
	4				
	5				
	6				

	序号	设备名称	地线规格（mm²）	接地电阻（Ω）	结论
机房设备等电位连接测试	1				
	2				
	3				
	4				
	5				
	6				
	7				
	8				

接地装置	接地汇集点材料规格(mm²)	
	接地引入线规格(mm²)	
	系统接地类型	
	基准点接地电阻(Ω)	

结论：

测试仪表：　　　　　　　　检测：　　　　　　复核：　　　　　　签发：

××省(区、市)防雷装置等电位连接检测原始记录

机房名称：　　　　　　　　　防雷类别：　　　　　　　　检测日期：　年　月　日
技术规范：　　　　　　　　　天气情况：　　　　　　　　　　　　　　共　页　第　页

浪涌保护器	型号	安装位置	通流容量(kA)	地线规格(mm^2)	接地电阻(Ω)

	序号	设备名称	地线规格(mm^2)	接地电阻(Ω)
配电室设备等电位连接测试	1			
	2			
	3			
	4			
	5			
	6			
	7			

	序号	设备名称	地线规格(mm^2)	接地电阻(Ω)
机房设备等电位连接测试	1			
	2			
	3			
	4			
	5			
	6			
	7			
	8			
	9			
	10			

接地装置	接地汇集点材料规格(mm^2)	
	接地引入线规格(mm^2)	
	系统接地类型	
	基准点接地电阻	

结论：

测试仪表：　　　　　　　　　检测：　　　　　　　复核：

××省(区、市)加油站
防雷(防静电)装置检测原始记录

加油站名称： 防雷类别： 检测日期： 年 月 日

技术规范： 天气情况： 共 页 第 页

	项目	单位	实测
站房	接闪器类型		
	接闪器规格	mm	
	引下线数量	根	
	引下线规格	mm^2	
	测试点接地电阻	Ω	
	卸油场防静电装置接地电阻	Ω	
油罐	罐体编号	罐体是否埋地(Y/N)	法兰盘是否金属跨接(Y/N)	通气管接地电阻(Ω)
加油机	加油机编号	接地线规格(mm^2)	加油机接地电阻(Ω)	加油枪接地电阻(Ω)
配电房	电涌保护器通流容量(kA)		电涌保护器型号	
	测试项目	接地线规格(mm^2)		接地电阻(Ω)
	电涌保护器			
	配电柜(箱)			
	发电机			
其他				

备注：

测试仪表： 检测： 复核：

××省(区、市)加油站
防雷(防静电)装置检测报告

加油站名称：　　　　　　　　防雷类别：　　　　　　　　检测日期：　年　月　日
技术规范：　　　　　　　　　天气情况：　　　　　　　　　　　　　共　页　第　页

	项目	单位	实测
站房	接闪器类型		
	接闪器规格	mm	
	引下线数量	根	
	引下线规格	mm²	
	测试点接地电阻	Ω	
	卸油场防静电装置接地电阻	Ω	
油罐	罐体编号	罐体是否埋地(Y/N)	法兰盘是否金属跨接(Y/N)	通气管接地电阻(Ω)
加油机	加油机编号	接地线规格(mm²)	加油机接地电阻(Ω)	加油枪接地电阻(Ω)
配电房	电涌保护器通流容量(kA)		电涌保护器型号	
	测试项目	接地线规格(mm²)		接地电阻(Ω)
	电涌保护器			
	配电柜(箱)			
	发电机			
其他				

备注：

测试仪表：　　　　　　　　检测：　　　　　　　　复核：　　　　　　　　签发：

××省(区、市)石油库、气库设施
防雷(防静电)装置检测原始记录

库区名称:　　　　　　　　防雷类别:　　　　　　　　检测日期:　　年　月　日
技术规范:　　　　　　　　天气情况:　　　　　　　　　　　　　共　页　第　页

序号	项目或设施名称	接地点数	地线规格(mm^2)	接地电阻(Ω)
1				
2				
3				
4				
5				
6				
7				
8				
9				
10				
11				
12				
13				
14				
15				
16				
17				
18				
19				
20				
21				

备注:

测试仪表:　　　　　　　　检测:　　　　　　　　复核:

××省(区、市)石油库、气库设施
防雷(防静电)装置检测报告

库区名称：　　　　　　　　　防雷类别：　　　　　　　　检测日期：　年　月　日
技术规范：　　　　　　　　　天气情况：　　　　　　　　　　　　共　页　第　页

序号	项目或设施名称	地线规格(mm^2)	接地电阻(Ω)	结　论
1				
2				
3				
4				
5				
6				
7				
8				
9				
10				
11				
12				
13				
14				
15				
16				
17				
18				
19				
20				
21				

备注：

测试仪表：　　　　　　检测：　　　　　　复核：　　　　　　签发：

防雷(防侧击雷)装置检测原始记录

受检物名称：　　　　　　　　防雷类别：　　　　　　　　检测日期：　　年　月　日

技术规范：　　　　　　　　　天气情况：　　　　　　　　　　　　　　共　页　第　页

序号	项目	单位：	实测			
			1	2	3	4
			1	2	3	4

备注：

测试仪表：　　　　　　　　检测：　　　　　　　　复核：

第 7 章 检测数据及报告填写规定

防雷(防侧击雷)装置检测报告

受检物名称：　　　　　　　　　防雷类别：　　　　　　　　检测日期：　　年　月　日
技术规范：　　　　　　　　　　天气情况：　　　　　　　　　　　　　共　页　第　页

序号	项目	单位	实测
1			
2			
3			
4			
5			
6			
7			
8			
9			
10			
11			
12			
13			
14			
15			
16			
17			
18			
19			
20			
21			

备注：

测试仪表：　　　　　　　检测：　　　　　　复核：　　　　　　　签发：

××省(区、市)新建建筑物
防 雷 装 置 检 测 报 告

××防雷检字（　　）年
第　　号

工　程　名　称：＿＿＿＿＿＿＿＿＿＿＿＿＿＿＿＿＿

工　程　地　址：＿＿＿＿＿＿＿＿＿＿＿＿＿＿＿＿＿

建　设　单　位：＿＿＿＿＿＿＿＿＿＿＿＿＿＿＿＿＿

设　计　单　位：＿＿＿＿＿＿＿＿＿＿＿＿＿＿＿＿＿

施　工　单　位：＿＿＿＿＿＿＿＿＿＿＿＿＿＿＿＿＿

监　理　单　位：＿＿＿＿＿＿＿＿＿＿＿＿＿＿＿＿＿

检　测　单　位：＿＿＿＿＿＿＿＿＿＿＿＿＿＿＿＿＿

开　工　时　间：＿＿＿＿＿＿＿＿＿＿＿＿＿＿＿＿＿

检测完成时间：＿＿＿＿＿＿＿＿＿＿＿＿＿＿＿＿＿

××省(区、市)减灾防御中心监制

说 明

1. 本检测报告依据《××省(区、市)新建建筑物防雷装置检测记录簿》制作。
2. 本检测报告执行的技术规范为《建筑物防雷设计规范》(GB 50057—2010)、《建筑电气工程施工质量验收规范》(GB 50303—2002)、《建筑物电子信息系统防雷技术规范》(GB 50343—2012)等；
3. 检测报告须用蓝、黑墨水填写或微机打印,涂改、复印无效。
4. 检测报告必须有技术负责人签字,并盖检测单位检测专用章方有效。
5. 建设单位持本报告到当地工程建设主管机构办理验收手续。
6. 对检测结论如有异议,须在接到本报告 15 日内向检测单位提出,否则不予受理。
7. 本检测报告一式两份,建设单位、检测单位各保存一份。

基础检测报告表

第 页共 页　　　　　　　　　　天气情况：　　　　　　　　　　检测日期：　　年　月　日

序号	测试位置	利用柱主筋数及主筋直径(mm)	与桩基搭接长度(mm)	与地梁搭接长度(mm)	接地电阻(Ω)	预留接地名称	预留接地点电阻(Ω)

结论：

测试仪表：　　　　　　　　　检测：　　　　　　　复核：　　　　　　　签发：

引下线检测报告表

第 页共 页第 层　　　　　　天气情况：　　　　　　　检测日期：　年　月　日

序号	测试位置	柱筋直径(mm)	柱筋搭接长度(mm)	与圈梁搭接长度(mm)	接地电阻(Ω)	预留接地名称	预留点接地电阻(Ω)

结论：

测试仪表：　　　　　　　检测：　　　　　　　复核：　　　　　　　签发：

均压环检测报告表

第 页共 页第 层　　　　　　天气情况：　　　　　　　　检测日期：　年　月　日

序号	测试位置	环主筋规格（mm）	搭接长度（mm）	接地电阻（Ω）	预留接地名称	预留接地线规格（mm）	预留接地点电阻（Ω）

结论：

测试仪表：　　　　　　　检测：　　　　　　　复核：　　　　　　　签发：

第7章 检测数据及报告填写规定

屋面防雷装置检测报告表

第 页共 页第 层　　　　　天气情况：　　　　　检测日期：　年　月　日

序号	测试点位置	接闪器规格 (mm)	接闪器高度 (mm)	测试点位置接地 电阻(Ω)	屋面金属物接地 电阻(Ω)	与引下线搭接 长度(mm)

结论：

测试仪表：　　　　　检测：　　　　　复核：　　　　　签发：

防侧击雷检测报告表

第　页共　页第　层　　　　　　天气情况：　　　　　　　　　检测日期：　年　月　日

序号	项目名称	接地线规格（mm²）	接地电阻（Ω）

结论：

测试仪表：　　　　　　检测：　　　　　复核：　　　　　签发：

天面等电位连接测试报告

第　页共　页第　层　　　　　　　　天气情况：　　　　　　　　检测日期：　年　月　日

序号	项目	接地点数	接地线规格(mm)	搭接长度(mm)	接地电阻(Ω)
1	天面冷却塔接地				
2	天面水箱接地				
3	天面广告牌接地				
4	竖向金属管道接地				
5	强电井 PE 接地				
6	弱电井 PE 接地				
7	强电井金属配线槽接地				
8	弱电井金属配线槽接地				
9	金属供水管接地				
10	消防管道接地				
11	配电室保护接地				
12	电梯保护接地				
	项目	接地点数	跨接线规格(mm)		过渡电阻(Ω)
13	强电井金属配线槽跨接连接				
14	弱电井金属配线槽跨接连接				
	电涌保护器型号	通流容量(kA)	动作电压(V)	地线规格(mm)	接地电阻(Ω)
15					
16					
17					

结论：

测试仪表：　　　　　　　检测：　　　　　　复核：　　　　　　　签发：

室内等电位连接接地测试报告

第 页共 页第 层　　　　　天气情况：　　　　　　　检测日期： 年 月 日

序号	测试位置	接地线规格	连接情况	测试点接地电阻(Ω)

结论：

测试仪表：　　　　　　检测：　　　　　　复核：　　　　　　签发：

第8章 雷电风险评估

雷电是发生在大气中的声、光、电物理现象，其放电电流可达数十千安培，甚至数百千安培。放电瞬间，雷电流产生巨大的冲击波和强大的电磁干扰作用，雷电灾害已经成为自然界十大自然灾害之一。

雷云对地放电，能够对地面上的建筑物和设施构成严重危害，其危害主要分为两类：直接危害和间接危害。直接危害主要表现为雷电引起的热效应、机械效应和冲击波等；间接危害主要表现为雷电引起的静电感应、电磁感应和暂态过电压等。

雷云对地放电时，强大的雷电流从雷击点注入被击物体，其热效应可使雷击点周围局部金属熔化，当雷电击中草堆和树木时，能将草堆和树枝引燃；当雷电击中输电线路时，可将其熔断。这些都属热效应，如果防护不当，就会酿成火灾，带来更大的损失和灾难。

雷电机械效应所产生的破坏作用主要表现为两种形式：电动力和内压力。众所周知，载流导体周围的空间存在着电磁场，在电磁场中的载流导体会受到电磁力的作用。雷击建筑物时，在电动力作用下，建筑物内的导体之间会相互吸引或排斥，引起变形，甚至会被折断。在被击物体的内部产生内压力是雷电机械效应破坏作用的另一种表现形式。由于雷电流幅值很高，作用时间很短，击中树木或建筑构件时，在其内部瞬时产生大量热量，在短时间内热量来不及散发出去，致使物体内部的水分被大量蒸发成水蒸气，并迅速膨胀，产生巨大的爆炸力，能够使被击树木劈裂、建筑构件崩塌。

雷电产生的冲击波类似于爆炸产生的冲击波。在雷云对地放电过程的回击阶段，放电通道中既有强烈的空气游离，又有强烈的异性电荷中和，通道中瞬时温度很高，使得通道周围的空气受热急剧膨胀，并以超声波速度向四周扩散，从而形成冲击波。同时，通道外围附近的冷空气被严重压缩，在冲击波波前到达的地方，空气的密度、压力和温度都会突然增大，产生剧烈振动，可以使其附近的建筑物、人、畜受到破坏或伤害。

雷电的静电感应和电磁感应作用均属于雷电的间接危害。当天空有带电的雷云出现时，雷云下的地面及建筑物等，都因静电感应而带上相反的电荷。从雷云的出现到发生雷击（主放电）所需时间相对于主放电过程的时间要长得多，雷云下的地面及建筑物等有充分的时间累积大量电荷。当雷击发生后，局部地区的感应电荷不能在同样短的时间内消失，形成局部高电压。这种由静电感应产生的过电压对接地不良的电气系统有很强破坏作用，使接地不良的金属器件之间发生火花，这对易燃易爆场所而言，是非常危险的。

雷电流具有很高的峰值和波头上升陡度，能在所流过的路径周围产生很强的暂态脉冲电磁场，处在该电磁场中的导体会产生感应过电压（流）。建筑物内通常敷设着各种电源线、信号线和金属管道（如供水管、供热管和供气管等），这些线路和管道常常会在建筑物内的不同空间构成环路。当建筑物遭受雷击时，雷电流沿建筑物防雷装置中各分支导体入地，流过分支导体的雷电流会在建筑物内部空间产生暂态脉冲电磁场，脉冲电磁场交链不同空间的导体回路，会在这些回路中感应出过电压和过电流，导致设备接口损坏。雷电流产生的暂态脉冲电磁场不仅能在建筑物内的导体回路中感应过电压和过电流,而且也能在建筑物之间的通信线路中感应出过电压和过电流。

随着城市现代化的不断发展,计算机信息系统广泛应用于各行业,这些电子设备普遍存在着绝缘强度低、过电压和过电流耐受能力差、对电磁干扰敏感等弱点,一旦建筑物受到直接雷击或其附近区域发生雷击,雷电过电压、过电流和脉冲电磁场会通过供电线、通信线、接收天线、金属管道和空间辐射等途径侵入建筑物内,威胁室内电子设备的正常工作和安全运行。如防护不当,这些雷害轻则使电子设备误动作,重则造成电子设备永久性损坏,严重时还可能造成人员伤亡。

根据工程项目的区位特性,并结合以上的各种雷电危害类型,进行雷电风险评估尤为重要。

8.1 评估目的

通过雷电灾害风险评估,对建设项目可能存在的雷电危险有害因素进行识别,找出存在的雷击事故隐患,提出补充和完善的对策、措施,以满足安全生产的要求。同时为防雷装置设计提供指导意见。

根据技术规范的规定,雷电风险评估应在项目的初步设计之前进行,或在防雷设施建设实施之前完成,其目的是使防雷设计建立在科学的基础上,避免盲目性,保证防雷工程安全可靠、技术先进、经济合理。它的重要性具体表现在:

(1)通过雷电风险评估,可以准确地估算出建筑物遭受雷击的概率,准确地计算出当邻近建筑物或附近大地遭受雷击时,评估对象可能遭受的间接雷击损害风险;可以准确地计算出雷电通过服务设施侵入时,对评估对象的雷击损害风险。

(2)通过雷电风险评估,可以掌握建设项目可能遭受雷击的主要风险分量,根据现场勘查采集到的数据,经过科学的计算和处理,提供出最翔实的评估结果,有针对性地采取相应的雷电防护措施,实现科学施工,技术合理,提前做好相应的防护措施,避免雷击事故发生或将损失减到最低。

(3)通过雷电风险评估,可以从技术、经济价值上综合决策雷电防护措施,既达到雷电防护的效果,又节约防护成本,真正实现科学、经济、有效。

8.2 评估内容

评估内容:拟评估对象所包含的建(构)筑物、信息系统及其构(建)筑物的动力配电、照明配电年预计雷击次数,项目的可接受雷击风险、存在的雷击风险;通过存在雷击风险评估分析,环境雷电风险影响分析,给出比较完善的防雷设计、施工指导意见。

8.3 项目概况

项目概况是进行雷电风险评估的先期认知条件,本章以黔西南州12000 kg/h打叶复烤厂为评估实例,对雷电风险评估的方法进行阐述。

项目区域地势南北高差约30 m,利用场地高差变化并结合工艺要求,将厂区划分为办公区、生产区、仓储区、动力区并预留发展用地,其工艺主要包括预处理、打叶、复烤、预压打包、碎叶处理五大部分。生产控制采用数字式离散控制系统,工艺各段控制由中央控制室控制,接地采用综合接地系统。

厂区所处的区域表层为黄泥土及沙石性土壤,土壤电阻率为 248～1967 Ω·m,形成了一个土壤电阻率分布不均的土壤区域,当雷云过顶时,地面土壤电阻率小的区域容易被感应而积累大量与雷云相反的异种电荷,形成雷云放电通道发生雷击。厂区总体规划如图 8-1 所示。

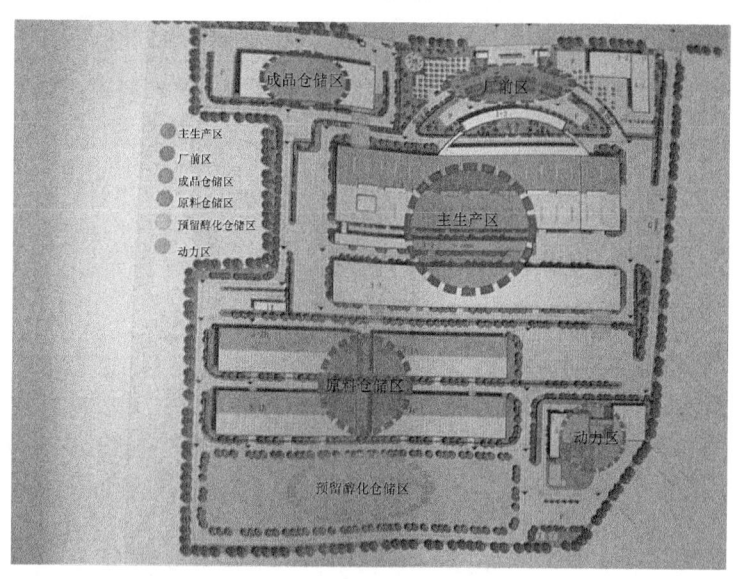

图 8-1 厂区总体规划图

评估现场基本情况:厂区总建筑面积 101210 m²,厂区项目总投资 18923 万元,整个项目第一阶段建设内容主要有综合办公楼、主厂房、选叶及周转车间、锅炉房、生活服务中心、部分道路及室外工程。现厂区建设情况如图 8-2 所示。

图 8-2 现场施工情况图

建(构)筑物内常驻人员数量约 630 人,每人年平均停留时间约 1440 h。

建(构)筑物结构、地势、土壤电阻率:建筑结构为框混结构、钢架结构;厂区周围无高大建筑物,地势较为空旷;厂区土壤电阻率经现场测试如表 8-1 所示(测量仪器为 SDW-JD,测试电流为 3 A,测试频率为 45 Hz)。

表 8-1 项目区土壤电阻率测量数据

	主厂房		锅炉房		成品仓储区		生产辅助区	
	地极间距 a(m)	土壤电阻率 $\rho(\Omega \cdot m)$	地极间距 a(m)	土壤电阻率 $\rho(\Omega \cdot m)$	地极间距 a(m)	土壤电阻率 $\rho(\Omega \cdot m)$	地极间距 a(m)	土壤电阻率 $\rho(\Omega \cdot m)$
测量值	2	225	2	590	2	248	2	248
	4	228	4	658	4	525	4	910
	6	464	6	945	6	963	6	940
	8	1438	8	1014	8	1070	8	1643
	10	1469	10	1420	10	1146	10	1967
平均值	——	764.8	——	925.4	——	790.4	——	1141.6

经计算,厂区建(构)筑物各项目区年预计雷击次数分别为主厂房 0.48(次/a);选叶及周转车间 0.32(次/a);锅炉房 0.34(次/a);综合办公楼 0.23(次/a);原料仓储区 0.42(次/a);预留仓储 0.40(次/a);成品仓库 0.3(次/a);生活服务中心 0.22(次/a)。

建筑物外部土壤表层情况:建筑物外部土壤表层除道路为水泥或沥青覆盖外,其余土壤表层地面均为绿化草地和林地覆盖。建设中的厂区如图 8-3 所示。

图 8-3 现场施工情况图

厂区内建(构)筑物功能、防火措施:厂区内所有建(构)筑物供生产使用;防火措施主要是消防管网和一些小型消防器材,生产主厂房设烟感系统,部分建筑物设消防报警及联防系统。

建(构)筑物内电缆布置情况:建(构)筑物内电缆无屏蔽,入户电源线路架设方式为埋地引入,入户通信线路架设方式为埋地引入。

8.4 雷击风险分析

1. 损害来源

雷电流是损害的来源,根据雷击点位置的不同,下列情形加以考虑。
——S1:雷击建筑物;
——S2:雷击建筑物附近;
——S3:雷击线路;
——S4:雷击线路附近。

2. 损害类型

雷击导致的损害随被保护物体特征的不同而各异,重要的特征:
——建筑类型;
——内部装置及应用;
——公共设施的类型;
——所采用的防护措施。

雷击建筑物导致的损害可能是建筑物的一部分,也可延伸至整体,甚至其周围建筑物或周边环境(如化学或放射性散发物)。

雷击对公共设施的影响可能是提供服务的设施本身(线路或管道),或是与其相连的电气和电子系统。损害也可能延伸至与公共设施相连的内部系统。

区分由雷击导致的损害的三种基本类型,对风险评估的实际应用是有用的。依据不同雷击点的损害和损失如表8-2所示。
——D1:人畜伤害;
——D2:物理损害;
——D3:电气和电子系统故障。

3. 损失类型

不同类型的损害,无论是单一的或数种类型的联合,都会使被保护物体产生不同的损失后果。依据物体本身特征的不同,损失类型各异。

下列类型的损失应加以考虑。
——L1:建筑物内的人身伤亡损失;
——L2:建筑物内公众服务中止的损失;
——L3:建筑物中文化遗产的损失;
——L4:经济损失(建筑物及其内部装置,公共设施及其功能失效)。

4. 相应风险

——R1:致人死亡的风险;
——R2:为大众服务的公共设施损失的风险;
——R3:文化遗产损失的风险;
——R4:经济损失的风险。

表 8-2 依据不同雷击点的损害和损失

雷击点	损害成因	建筑物		公共设施	
		损害类型	损失类型	损害类型	损失类型
(图)	S1	D1 D2 D3	L1,L4** L1,L2,L3,L4 L1,L2,L4	D2,D3 D2,D3	L2 L4
(图)	S2	D3	L1*,L2,L4	—	—
(图)	S3	D1 D2 D3	L1 L1,L2,L3,L4 L1*,L2,L4	D2,D3 D2,D3	L2 L4
(图)	S4	D3	L1*,L2,L4	D2,D3	L2 L4

* 为医院和有爆炸风险的建筑物的情况;** 为农业财产情况(牲畜损失)。

8.5 风险基本计算

1. 建筑物有效截收面积

$$A_e = [ab + 6(a+b)h + 9\pi h^2] \times 10^{-6} \qquad (8-1)$$

(1)建筑物有效截收面积定义为与建筑物有相同的年直接雷电闪击次数的大地面积。建筑物有效截收面积是建筑物尺寸的函数,并取决于地形及周围物体。

(2)对于孤立的建筑物,等截收面积 A_e 是由通过建筑物顶部并与建筑物相接触的一条斜率为 1:3 的直线,围绕建筑物旋转,该直线与地面的交点构成的边界线所包围的面积。

(3)在复杂地形情况下,考虑到边界线的某些特征段,将它们用直线或者圆弧来替代。

(4)如果建筑物与其周围的其他物体间的距离小于 $3(h+h_s)$,则周围物体对建筑物的有效截收面积有显著的影响。

在此情况下,建筑物及周围物体的有效截收面积互相重叠,因此,建筑物的有效截收面积减小了。建筑物的有效截收面积的边界线延伸至与周围物体距离为 X_s 的地方:

$$X_s = \frac{1}{2}[d + 3(h_s - h)] \qquad (8-2)$$

式中:d——建筑物与周围物体的水平距离;

h——考虑中的建筑物的高度;

h_s——周围物体的高度。

(5)有效截收面积的最小值假定等于建筑物本身在水平面的投影面积。

(6)建筑物周围大地的截收面积 A_g。

建筑物边界延伸至建筑物距离 d_s 边界上围成的面积(d_s 数值上等于土壤电阻率,单位为 m),减去建筑物的等效截收面积 A_e。

对于孤立建筑物:

$$A_g = ab + 2(a \times d_s) + 2(b \times d_s) + \pi d_s^2 - A_e \tag{8-3}$$

2. 雷击密度

(1)年雷击大地密度

$$N_g = 0.04 T_d^{1.25} \tag{8-4}$$

(2)建筑物预计遭受直接雷击年平均次数

$$N_d = N_g \cdot A_e \tag{8-5}$$

(3)雷击建筑物附近大地的雷击次数

$$N_n = N_g \cdot A_g \tag{8-6}$$

(4)每个入户设施上的雷电闪击次数

作用于每个入户设施上的雷电闪击年平均次数 N_k,可用大地年雷电闪击密度 N_g 与该入户设施的影响面积 A_k 之乘积来确定:

$$N_k = N_g \cdot A_k \tag{8-7}$$

式中:A_k——该设施的影响面积。设施的影响面积包括两部分:

A_{sk}——入户设施(电源线、通信线或信号线)的截收面积;

A_{ak}——通过设施而与所考虑建筑相连的相邻建筑的有效截收面积。

$$A_k = A_{sk} + A_{ak} \tag{8-8}$$

入户设施的截收面积与设施的特性有关,可用表 8-3 和表 8-4 的表达式来计算。

表 8-3 电源线设施的有效截收面积

电源线设施的类型	有效截收面积(m^2)
低压架空线路	$2000 \times L$
高压架空线路(至当地变电站)	$500 \times L$
低压埋地电缆	$2 \times d_s \times L$
高压埋地电缆(至当地变压器)	$0.1 \times d_s \times L$

注:1. L 是线路从所考虑建筑物至电源网络的第一个分支点或至相邻建筑物的长度,单位为 m,最大值为 1000 m。当 L 值未确定时,应假定 $L=1000$ m;

2. d_s 单位为 m,数值上等于土壤电阻率($\Omega \cdot m$)。

电源线路截收面积:

$$A_1 = 2 d_s (L - d_s) \times 10^{-6} \tag{8-9}$$

作用于电源线路上的预计雷击次数:

$$N_1 = N_g \cdot A_1 \tag{8-10}$$

如果有多路入户电源线路,则面积相加。

表 8-4 通信线路的有效截收面积

数据线类型	有效截收面积(m^2)
架空信号线路	$2000 \times L$
埋地信号线路	$2 \times d_s \times L$
无金属铠装或金属芯线的光纤电缆	0

注:1. L 是线路从所考虑建筑物至网络的第一个分支点或至相邻建筑物的长度,单位为 m,最大值为 1000 m,当 L 值未确定时,应假定 $L=1000$ m;

2. d_s 单位为 m,数值上等于土壤电阻率($\Omega \cdot m$),最大为 800 m。

A_{ak} 是与主建筑物中的电气或电子设备有直接或间接连接的建筑物的截收面积。典型的例子是由主建筑的电气装置供电的外部灯塔,内含计算机终端、控制与测量设备的其他建筑物以及发射塔。

注:1. 如果入户设施无金属线,应取 $A_{sk}=0$;2. 当 $L<3h$(h 为建筑物高度),应取 $A_{sk}=0$;3. 在多芯电缆的情况下,将电缆作为单根电缆考虑。

信号线路截收面积:
$$A_2 = 2 d_s (L - d_s) \times 10^{-6} \tag{8-11}$$

作用于信号线路上的预计雷击次数:
$$N_2 = N_g \cdot A_2 \tag{8-12}$$

如果建筑物线路是由相邻建筑物引入,则 A_1、A_2 还应加上相应建筑物的等效截收面积:A_{S1}、A_{S2}。

入户设施上的预计雷击次数:
$$N_i = N_1 + N_2 \tag{8-13}$$

如果有多种线路、多个建筑物相关,则为各个雷击次数相加。

8.6 损害概率计算

1. 直击雷击引起的损害概率

$$P_d = P_h + P_{fd} \tag{8-14}$$

式中:P_h——直接雷电闪击下的接触电压和跨步电压引起的损害概率;

P_{fd}——直接雷电闪击下由于着火、爆炸引起的损害概率。

$$P_h = K_h \cdot P_h' \tag{8-15}$$

直接雷电闪击下由接触电压及跨步电压导致的损害概率如表 8-5 所示。

表 8-5 直接雷电闪击下由接触电压及跨步电压导致的损害概率

建筑物外部地面类型	$R(k\Omega)^{1)}$	$P_h'^{2)}$	防护措施	K_h
腐殖土、混凝土	<1	10^{-2}	无 LPS	1
大理石	1~10	10^{-3}	有 LPS	$1-E^{3)}$
沙砾	10~100	10^{-4}	有 LPS 且引下线用 3 mm 厚聚氯乙烯管隔离	$0.5 \times (1-E)$
沥青	>100	10^{-5}		

注:1. 这些数值是在施以 500 N 的压力、面积为 400 cm^2 的电极与远处点之间测量得出的;

2. 损害概率;

3. $E=$ LPS 的保护效率。

① 如果人们通常不在建筑物外出现,应取 $P'_h=0$。
② 如果在危险区有多于一种的地面,应取最高 P'_h 值。
③ 如果采用一种以上的防护措施,总的缩减系数为相关的各个缩减系数之乘积。

直接雷电闪击下由于着火、爆炸引起的损害概率:

$$P_{fd}=P_t \cdot (P_1+P_2+P_3+P_4) \tag{8-16}$$

式中:P_t——引发着火或爆炸的危险火花放电的概率;
P_1——金属装置上危险火花放电的概率;
P_2——建筑物内部电气装置上危险火花放电的概率;
P_3——入户设施上危险火花放电的概率;
P_4——入户的外部导电部件(ECP)上危险火花放电的概率。

2. 间接雷击引致的损害概率(表 8-6)

间接雷击情况下,可能造成着火、爆炸、机械效应及化学效应引致的损害概率:

$$P_{fi}=P_t \cdot P_3 \tag{8-17}$$

$$P_t=K_t \cdot P'_t \tag{8-18}$$

表 8-6 与引起着火、爆炸等的直接雷电闪击相关的损害概率 P'_t 值及与防护措施相关的 K_t 值

建筑物材料特性或其存放物的特性或者取决于建筑物材料特性及其存放物特性	P'_t	保护措施	K_t
易燃	1	小型消防设备	0.9
易爆	10^{-1}	建筑设施[1]	0.7
普通	10^{-3}	自动化装置[2]	0.6
非易燃	10^{-5}	应急消防队	0.5

1)防火墙、防火门、防火地板、安全疏散线路。
2)火警探测系统、消防系统。

注:1. 如果采用一个以上的防护措施,总的缩减系数为各相关缩减系数之乘积。
2. 对爆炸性环境,$K_t=1$。
$P_1=K_1 \cdot P'_1$(金属装置上危险火花放电的概率);
$P_2=K_2 \cdot P'_2$(建筑物内部电气装置上危险火花放电的概率)。

建筑物内部电气设施和金属设施上危险火花放电的概率值如表 8-7 所示,缩减系数 K_1 及 K_2 的数值如表 8-8 所示。

表 8-7 建筑物内部电气设施和金属设施上危险火花放电的概率值

建筑物类型	$P'_1=P'_2$
砖、石、木(即非导电性材料)且无 LPS	1
间隔为 10～20 m 的钢框架或钢筋混凝土立柱或保护级别为 Ⅱ-Ⅲ 级的 LPS	0.1～0.2
间隔为 3～6 m 的钢框架或钢筋混凝土立柱或保护级别为 Ⅰ-Ⅱ 级的 LPS	0.05～0.08
无窗或占总墙体面积小于 20% 的小型窗户的金属里面或钢筋混凝土墙	0.005～0.01

表 8-8　缩减系数 K_1 及 K_2 的数值($K_1 = K_2$)

防护措施	K_1 及 K_2
全部为无屏蔽电缆,无特殊的走向措施,未避免构成环路	1
采用屏蔽电缆,或避免构成环路	$10^{-1} \sim 10^{-2}$
采用屏蔽电缆,又避免构成环路屏蔽电缆	$10^{-2} \sim 10^{-3}$
无金属的光纤	0

注:1. 给出一定范围是考虑到屏蔽的有效性或避免构成环路的有效性。
　　2. 如采用不同的电缆,为了简化,只取 K_1 最大值。
　　3. 在同一内部装置上装有不同的防护措施时,总 K 为各项之乘积。

$$P_3 = K_3 \cdot P_3' \tag{8-19}$$

$$P_4 = K_4 \cdot P_4' \tag{8-20}$$

此处 $P_3' = P_4' = 1$,用以减小入户处设施上危险火花放电概率的防护措施相关的缩减系数 K_3 及 K_4 的数值由表 8-9 给出。

表 8-9　用以减小 P_3' 及 P_4' 的防护措施相关的 K_3 及 K_4 的数值

防护措施	K_3	防护措施	K_4
入户处无防雷措施	1	设施入口处安装 SPD	10^{-3}
隔离变压器	10^{-1}		
设施入、出口处安装 SPD	$10^{-1} \sim 10^{-3}$ 取决于 SPD 类型及安装细节		
屏蔽层两端接地	$10^{-1} \sim 10^{-3}$ 取决于屏蔽层质量、电缆数及长度	与建筑物的接地系统等电位连接	0
金属导体的光纤	0		

注:1. 如果在各种不同的入户设施上采取了不同的防护措施,应取最大的 K_3。
　　2. 在同一个入户设施上采取了不同的防护措施,总的缩减系数是各相关缩减系数之乘积。
　　3. 假定外来导电部件等电位连接至建筑物的接地系统。

3. 过电压引起的损害概率

损害原因:直击闪击(s_3)、间接闪击(s_4)

损害概率:包括 P_2、P_3 两个分概率。

直击闪击下,设备上的过电压导致的损害概率:

$$P_{od} = 1 - (1 - P_2)(1 - P_3) = P_2 + P_3 \tag{8-21}$$

间接闪击下,设备上的过电压导致的损害概率:

$$P_{oi} = P_3 \tag{8-22}$$

4. 雷电闪击的损害次数

建筑物年损害次数 F 由两部分组成,即直击雷击引起的年损害次数 F_d 和间接闪击导致的年损害次数 F_i。

$$F_d = H + A + D \tag{8-23}$$

$$F_i = B + C + E + G \tag{8-24}$$

也可根据损害成因来估算:

$$F = F_h + F_f + F_o \tag{8-25}$$

式中：F_h——接触电压及跨步电压导致的损害次数；

F_f——着火、爆炸导致的损害次数；

F_o——过电压导致的损害次数。

接触电压及跨步电压导致的损害次数 F_h：

$$F_h = N_d \cdot P_h = H \quad (N_d = N_g \cdot A_e) \tag{8-26}$$

$$P_h = K_h \cdot P_h' \text{（接触电压及跨步电压导致的损害概率）}$$

着火、爆炸导致的损害次数 F_f：

$$F_f = N_d P_t (P_1 + P_2 + P_3 + P_4) + N_n P_t P_3 + P_t \sum N_k P_{3k} = A + B + C \tag{8-27}$$

式中：A——直接雷电闪击下由于着火、爆炸引致的损害次数分量；

B——邻近雷电闪击导致的损害次数分量；

C——作用于 n 个入户设施上的雷击，由于着火、爆炸导致的损害次数分量。

过电压导致的损害次数 F_o：

$$F_o = N_d (P_2 + P_3) + N_n P_3 + \sum N_k P_{3k} = D + G + E \tag{8-28}$$

式中：D——直接雷电闪击损害次数；

G——邻近雷电闪击下过电压导致的损害次数；

E——作用于 n 个入户设施上的雷电闪击，由过电压造成的损害次数。

8.7 可能损失的平均数

可能损失的平均数 δ 取决于下列因素：在危险地区的人员数量及他们停留的时间长短；对公众服务的类型及其重要性；所涉及物品的价值。

根据损害类型，δ 值分别可用下列近似公式计算。

损害类型 1：人身伤亡。

$$\delta = 1 - (1 - t/8760)^n \tag{8-29}$$

式中：n——危险地带的人数；

t——这些人员每年出现于危险地带的时间(h)。

损害类型 2：不可接受的对公众服务的中止。

$$\delta = n't'/(nt \times 8760) \tag{8-30}$$

式中：n'——对每一损害，由于服务中止而受影响的用户平均数；

t'——对每一损害，每年服务中止的时间(h)；

nt——服务涉及的用户总数。

损害类型 3：不可复原的遗产的损失。

$$\delta = C_i / C_t \tag{8-31}$$

式中：C_i——对每一损害，预期损失物品的投保值，按币值计；

C_t——所涉及的所有物品的投保值。

损害类型 4 及损害类型 5：不包括人身、文化或环境价值方面的损失。

$$\delta = C_m / C_v \tag{8-32}$$

式中：C_m——对每一损害，建筑物、家具及物品预期损失的平均值，按币值计；

C_v——所有建筑物、家具及物品的总值，按币值计。

8.8 评估分析

打叶复烤厂总建筑面积为 101210 m²。厂区内通常有 $n=630$ 人,每年(每人)大约有 1440 h 停留在厂区内。

该地区的雷击大地密度为 $N_g=9.57$ 次/(a·km²)。平均土壤电阻率 $\rho=905$ Ω·m。建筑物外部的土壤表层为泥沙地面。

厂区内所有建(构)筑物供生产使用;防火措施主要是消防管网和一些小型消防器材,主厂房设烟感系统,部分建筑物设消防报警及联防系统。

厂区内各类建(构)筑物及建筑物内部采用屏蔽的电缆。入户的电源线是埋地低压电缆或采用金属线槽。入户的电话线为架空电缆或采用金属线槽。

为了决定是否需要保护以及决定所需提供的防护措施,损害风险分别按损害类型计算如下。

可能出现并应加以考虑的损害类型包括:①人身伤亡;②不涉及文化及社会价值的物品损失。造成这些损害的成因有:

S_1——由直接雷电闪击引起的接触电压或跨步电压;

S_2——直接雷电闪击引起着火或爆炸;

S_3——直接雷电闪击下设备上的过电压;

S_4——间接雷电闪击下设备上的过电压;

S_5——间接雷电闪击下由过电压引致着火或爆炸。

生产主厂房:依以下公式给出的方法,计算出建筑物的直接闪击次数。

$$N_g=0.04 T_d^{1.25}=0.04\times 80^{1.25}\approx 9.57(\text{次}/\text{km}^2\cdot a)$$

$$A_e=[ab+6(a+b)h+9\pi h^2]\times 10^{-6}=50156.73\times 10^{-6}=0.05(\text{km}^2)$$

$$N_d=N_g\cdot A_e=9.57\times 0.05=4.8\times 10^{-1}(\text{次}/a)$$

依以下公式给出的方法,估算雷击建筑物附近大地的雷击次数为:

$$N_n=N_g\cdot A_g=2.3\times 9.57=22.01(\text{次}/a)$$

式中:$A_g=[ab+2(a+b)d_s+\pi d_s^2]\times 10^{-6}-A_e=2.35-0.05=2.3(\text{km}^2)$

每个入户设施上的雷电闪击次数 N_k 可结合表 8-1 及表 8-2 估算。

埋地低压电源电缆的影响面积 A_1 为:

$$A_1=2\,d_s(L-d_s)\times 10^{-6}$$
$$=2\times 764.8\times(1000-764.8)\times 10^{-6}$$
$$=0.36(\text{km}^2)$$

则:$N_1=N_g\cdot A_1=0.36\times 9.57=3.45(\text{次}/a)$

低压架空电话线的影响面积 A_2 为:

$$A_2=2\,d_s(L-d_s)10^{-6}=2\times 764.8\times(1000-764.8)\times 10^{-6}=0.36(\text{km}^2)$$

则:$N_2=N_g\cdot A_2=0.36\times 9.57=3.45(\text{次}/a)$

$$N_K=N_1+N_2=6.9(\text{次}/a)$$

损害类型 1:人身伤亡。

对第一类损害,应考虑 S_1、S_2 及 S_5 损害成因。

在考虑各种不同损害成因 S_1 及 S_2 后,计算直接雷电闪击引起的损害概率:
$$P_d = P_h + P_{fd}$$
式中:P_h——直接雷电闪击由接触电压或跨步电压引起的损害概率;

P_{fd}——直接雷电闪击下由于着火或爆炸引起的损害概率。

根据公式概率:
$$P_h = k_h P_h' = 1 \times 10^{-3} = 10^{-3}$$

可用公式计算概率 P_{fd}:
$$P_{fd} = P_t(P_1 + P_2 + P_3 + P_4) = P_t \times 3 = 2.7 \times 10^{-3}$$

此式中的 P_t、P_1、P_2、P_3 及 P_4 用公式分别估算。

在这种情况下:
$$P_t = K_t; P_t' = 0.9 \times 10^{-3}$$
$$P_1 = k_1; P_1' = 1 \times 0.5 = 0.5$$
$$P_2 = k_2; P_2' = 1 \times 0.5 = 0.5$$
$$P_3 = k_3; P_3' = 1 \times 1 = 1$$
$$P_4 = k_4; P_4' = 1 \times 1 = 1$$

直接雷电闪击的损害次数是由跨步电压或接触电压以及着火而引起的,可用下式计算:
$$F_d = H + A = 3.2 \times 10^{-4} + 8.64 \times 10^{-4} \approx 1.18 \times 10^{-3}$$

式中:H 是由于接触电压及跨步电压引起的损害次数:
$$H = N_d P_h = 3.2 \times 10^{-1} \times 10^{-3} = 3.2 \times 10^{-4}$$

A 是由于着火引起的损害次数:
$$A = N_d P_{fd} = 3.2 \times 10^{-1} \times 2.7 \times 10^{-3} = 8.64 \times 10^{-4}$$

间接雷电闪击的损害次数是由入户设施上的过电压引发火花放电而致着火或爆炸所引起的。

应考虑对建筑物附近大地的闪击及作用于入户的两种设施上的闪击。

根据以下公式:
$$B = N_n P_t P_3 = 28.33 \times 0.9 \times 10^{-3} \times 1 \approx 2.55 \times 10^{-2}$$
$$C = P_t(N_1 P_3 + N_2 P_3) = 0.9 \times 10^{-3} \times (1.34 \times 1 + 1.34 \times 1) = 2.41 \times 10^{-3}$$

则: $F_i = B + C = 2.55 \times 10^{-2} + 2.41 \times 10^{-3} \approx 2.79 \times 10^{-2}$

预期的年损害次数为:
$$F = F_d + F_i = 1.18 \times 10^{-3} + 2.79 \times 10^{-2} = 2.9 \times 10^{-2}$$

为了确定建筑物是否需加以保护,必须将 F 值与建筑物所能接受的损害次数的最大值 F_a 相比较:
$$F_a = R_a / \delta$$

$F \leqslant F_a$ 的条件应满足,否则应提供额外的防护措施。

在第一类损害的情况下,δ 值计算如下:
$$\delta = 1 - (1 - t/8760)^n = 1 - (1 - 1440/8760)^{630} \approx 1$$

将 $R_a = 10^{-5}$ 取作为容许的风险的最大值:
$$F_a = 10^{-5}$$

在此情况下,$F > F_a$,因此对该建筑物应提供防护措施。

在选择这些防护措施时,首先考虑直接雷电闪击的损害次数 $F_d = 1.18 \times 10^{-3}$ 并与 $F_a = $

10^{-5} 相比较。在此情况下，$F_d > F_a$，因此需要具有效率为 E 的 LPS 装置保护。

$$E = 1 - F_a/F_d = 1 - 10^{-5}/1.18 \times 10^{-3} \approx 0.99$$

根据 IEC 61024-1-1，应选择保护级别为 Ⅰ 级的 LPS。因此，应按 GB 50057—2010 标准设置 LPS 保护。其保护效率为 $E = 0.99$。

通过安装其保护效率为 $E = 0.99$ 的 LPS，直接雷电闪击的损害概率降为下列各个数值：

$$P_h = kh P'_h = (1-E) \times 10^{-4} = 1 \times 10^{-2} \times 10^{-4} = 1 \times 10^{-6}$$
$$P_t = 0.9 \times 10^{-3}$$
$$P_1 = k_1 P'_1 = (1-E) \times 0.5 = 5 \times 10^{-3}$$
$$P_2 = k_2 P'_2 = (1-E) \times 0.5 = 5 \times 10^{-3}$$

当安装 LPS 时，也在入户设施上安装 SPD 并在现场将外来导电部件做等电位连接，以便将 P_3、P_4 概率减小：

$$k_3 = k_4 = 10^{-3} \qquad P'_3 = P'_4 = 1$$
$$P_3 = k_3 \times P'_3 = 10^{-3} \qquad P_4 = k_4 \times P'_4 = 10^{-3}$$
$$\begin{aligned}P_{fd} &= P_t(P_1 + P_2 + P_3 + P_4) \\ &= 0.9 \times 10^{-3} \times (5 \times 10^{-3} + 5 \times 10^{-3} + 10^{-3} + 10^{-3}) \\ &= 0.9 \times 10^{-3} \times 1.2 \times 10^{-2} \approx 1.08 \times 10^{-5}\end{aligned}$$

则 $H = N_d P_h = 3.2 \times 10^{-1} \times 1 \times 10^{-6} = 3.2 \times 10^{-7}$；$A = N_d P_{fd} = 3.2 \times 10^{-1} \times 1.08 \times 10^{-5} \approx 3.46 \times 10^{-6}$。

直接雷电闪击损害次数的新数值为：

$$F_d = H + A = 3.2 \times 10^{-7} + 3.46 \times 10^{-6} = 3.78 \times 10^{-6}$$

因此，满足 $F_d < F_a$ 的条件，建筑物获得防直接雷电闪击的保护。

当安装了效率为 $E = 0.99$ 的 LPS 时，间接雷电闪击的损害次数也被减小，如下式所示：

$$B = N_d P_t P_3 = 3.2 \times 10^{-1} \times 0.9 \times 10^{-3} \times 10^{-3} \approx 2.88 \times 10^{-7}$$
$$\begin{aligned}C &= P_t(N_1 P_3 + N_2 P_3) = 0.9 \times 10^{-3} \times (1.34 \times 10^{-3} + 1.34 \times 10^{-3}) \\ &= 0.9 \times 10^{-3} \times 2.68 \times 10^{-3} \approx 2.41 \times 10^{-6}\end{aligned}$$
$$F_i = B + C = 2.88 \times 10^{-7} + 2.41 \times 10^{-6} \approx 2.7 \times 10^{-6}$$

因此，满足 $F_i < F_a$ 的条件，建筑物获得了防间接雷电闪击的保护。

用效率为 $E = 0.99$ 的 LPS 保护的建筑物的预计年损害次数为：

$$F = F_d + F_i = 3.78 \times 10^{-6} + 2.7 \times 10^{-6} = 6.48 \times 10^{-6}$$

在此情况下，能满足条件 $F < F_a$，因此可实现对第一类损害的防护。

损害类型 2：物品的损失（不包括文化及社会价值）。

在本情况下，应考虑损害成因 S_2、S_3、S_4 及 S_5。

直接雷电闪击的损害概率为：

$$\begin{aligned}P_{fd} &= P_t(P_1 + P_2 + P_3 + P_4) \\ &= 0.9 \times 10^{-3} \times (0.5 + 0.5 + 1 + 1) \\ &= 2.7 \times 10^{-3}\end{aligned}$$
$$P_{od} = 1 - (1-P_2)(1-P_3) \approx P_2 + P_3 = 0.5 + 1 = 1.5$$

直接雷电闪击的损害次数为：

$$F_d = A + D = N_d P_{fd} + N_d P_{od} = 3.2 \times 10^{-1} \times 2.7 \times 10^{-3} + 3.2 \times 10^{-1} \times 1.5$$
$$= 8.64 \times 10^{-4} + 4.8 \times 10^{-1}$$
$$\approx 4.8 \times 10^{-1}$$

间接雷电闪击的损害次数：
$$F_i = B + C + E + G$$

式中：$B = N_n P_t P_3 \approx 28.33 \times 0.9 \times 10^{-3} \times 1 = 2.55 \times 10^{-2}$

$C = P_t(N_1 P_3 + N_2 P_3) = 0.9 \times 10^{-3}(1.34 \times 10^{-3} + 1.34 \times 10^{-3}) \approx 2.41 \times 10^{-6}$

$E = N_n P_3 = 28.33 \times 10^{-3} = 2.83 \times 10^{-2}$

$G = (N_1 P_3 + N_2 P_3) = C/P_t = (2.41 \times 10^{-6})/(0.9 \times 10^{-3}) = 2.7 \times 10^{-3}$

则：$F_i = B + C + E + G = 2.55 \times 10^{-2} + 2.41 \times 10^{-6} + 2.83 \times 10^{-2} + 2.7 \times 10^{-3} \approx 5.2 \times 10^{-2}$

为了确定为减少人身伤亡危险所设置的雷电防护措施是否能避免物品的损失，建筑物业主应将风险值（$R_d = F \times \delta$）与所采用的雷电防护措施的年成本相比较。

在此情况下，假定以下的数值：

——每一损害的预期相对损失值 $\delta = 10^{-3}$

——防护措施的成本 C_{pm}（LPS 的 $C_{pm} = 5 \times 10^3$；入户设施上的 SPD 的 $C_{pm} = 5 \times 10^3$）

——折旧率 $a = 4\%$

——利息 $i = 15\%$

——维修费率 $m = 1\%$

防护措施的年成本：

LPS 为 $C_{am} = C_{pm}(a + i + m) = 5 \times 10^3 \times 2 \times 10^{-1} = 10^3$

SPD 为 $C_{sm} = C_{pm}(a + i + m) = 5 \times 10^3 \times 2 \times 10^{-1} = 10^3$

防护措施的成本 C_{am} 与所有物品价值（$C_t = 10^7$）的比值：

LPS 为 $C_{am}/C_t = 10^{-4}$

SPD 为 $C_{am}/C_t = 10^{-4}$

由于雷电闪击，每年可能损失的数量（风险）：$R_a = 10^{-3}$

直接雷电闪击为 $F_d \times \delta = 4.8 \times 10^{-1} \times 10^{-3} = 4.8 \times 10^{-4}$

间接雷电闪击为 $F_i \times \delta = 8.1 \times 10^{-2} \times 10^{-3} = 8.1 \times 10^{-5}$

$$R = (F_d + F_i) \times \delta = (4.8 \times 10^{-1} + 8.1 \times 10^{-2}) \times 10^{-3}$$
$$= 5.6 \times 10^{-4} \text{（此数值为未安装 LPS 时可能遭受的风险）}$$

直接雷电闪击的损害（$F_d \times \delta = 4.8 \times 10^{-4}$）大于与 LPS 相关的成本（$C_{am}/C_t = 10^{-4}$），从经济角度来看，安装 LPS 在经济上是合适的，从安全角度考虑，在入户设施上安装浪涌保护器（SPD）的防护措施更是需要的。

8.9 电磁场分析

8.9.1 雷电参数

根据雷电监测网监测信息统计：项目区域 5 km 范围内，最大正闪强度：249.91 kA，最大负闪强度:249.85 kA,平均正闪强度:52.37 kA,平均负闪强度35.34 kA。

雷电流强度分布:小于 20 kA 的闪电占 19.67%;20～50 kA 的闪电占 64.50%;50～100 kA 的闪电占 13.16%;100 kA 以上闪电占 2.67%。图 8-4 为项目区域闪电密度。

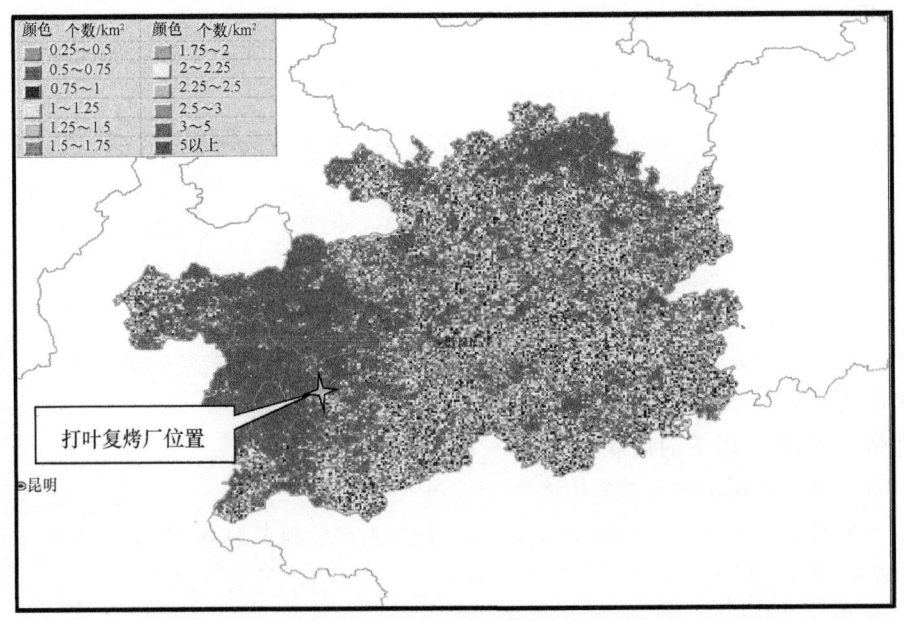

图 8-4 闪电密度分布图

年平均雷暴日数大于 40 d 的地区为多雷击区,年平均雷暴日数大于 60 d 的地区为强雷击区。兴义的年平均雷暴日数为 80～90 d,属于强雷击区。项目区域由于地势开阔,地形相对落差不大,而且土壤电阻率分布不均,从几十欧米到几百欧米,雷电活动规律的雷暴日数如图 8-5 和图 8-6 所示。

雷暴活动情况:查当地气象记录,项目区域年平均雷暴日数为 80 d/a,最早雷暴日为 1 月 7 日(1998 年),最晚雷暴日为 12 月 28 日(2004 年),雷暴最多年份为 1982 年(91 d),每年 3 月中旬即进入雷暴高发期,最频繁出现在 7、8 月份,10 月以后才大幅减少,因此兴义(顶效)属于典型强雷暴地区。图 8-5 和图 8-6 为兴义(顶效)1981—2000 年各年雷暴日数图。

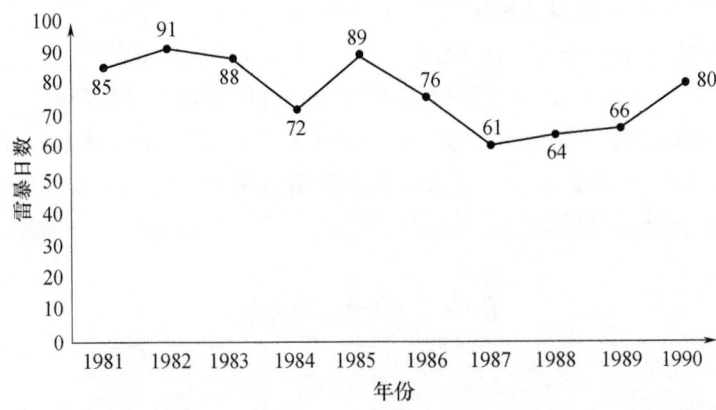

图 8-5 1981—1990 年各年雷暴日数

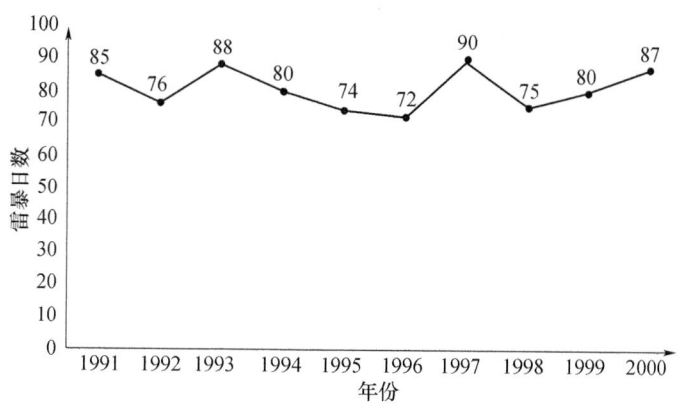

图 8-6 1991—2000 年各年雷暴日数

项目区域雷击大地的年平均密度为:

$$N_g = 0.04 T_d^{1.25} = 0.04 \times 80^{1.25} \approx 9.57 [次/(a \cdot km^2)]$$

即每年每平方千米约 9.57 次雷电直击大地。雷电是一种放电现象,可分为云内闪、云间闪、云地闪三种闪电现象,其中云地闪是危害性最大的闪电形式。当雷电击在建筑物上时,雷电流的 50% 是经过直击雷防护装置流入大地,另外,50% 通过各电气、金属管道、线路(如电源线、信号线和金属管道等)进入建筑物内部。在远处雷闪放电发生或雷击输电线路时,雷电流也会产生强大的瞬变电磁场,它通过直接或电容耦合方式在输电线路上形成暂态过电压,以流动波形式沿线路传播,一般在以雷击中心 1.5~2 km 范围内都可能产生危险过电压,损坏电路上的设备。据统计,在整个瞬变脉冲事故中,雷击产生过电压约占 20%,感应雷击已成为主要危害形式。

8.9.2 雷电的危害

1. 静电危害

雷云出现后,地面建筑物由于静电感应作用而带上大量相反电荷,雷击过后,雷云所带的电荷与大地很快中和,而地上局部地区的感应电荷,由于与大地间电阻较大,而且不能在同样短的时间内相互消失,形成了局部地区高的感应电压,该电压达数十千伏至数百千伏,这样高的电压可使接地不良的电气系统遭受破坏。高度 h_x 处的电位由下式计算:

$$U = U_R + U_L = IR_I + L_0 \times h \times \frac{di}{dt} \tag{8-33}$$

式中:U_R——雷电流流过防雷装置时接地装置上的电阻电压降(kV);

U_L——雷电流流过防雷装置时引下线的电感电压降(kV);

I——雷电流幅值;二类防雷建筑取 100 kA;

R_I——冲击接地电阻,对于采用共用接地极的建筑,一般取其等于 1 Ω;

L_0——引下线的单位长度电感,取其等于 1.5 μH/m;

di/dt——雷电流陡度(kA/μs)。

对于 16.3 m 高的二类建筑,经计算:

$$U = U_R + U_L + L_0 \times h \times \frac{di}{dt}$$
$$= 100 \times 1 + 16.3 \times 1.5 \times 15 = 466.75 \text{ kV}$$

由此可见,仅接地装置上的电位升高 100 kV,16.3 m 高度的电位就达 466.75 kV,也正是由于高电位引入、反击、感应、耦合等二次效应,对电气设备及人员危害极大。

2. 电磁感应危害

由于雷电有极大的峰值和陡度,在其周围形成强大的变化的电磁场,处在变化电磁场中的导体会感应出较大的电压,该电压由导线可传至较远处的电气设备。实验证明:当电磁感应强度 B 为 0.03 GS(相当于 2.39 A/m)时,计算机会产生误动作,当 B 为 2.4 GS(相当于 191 A/m)时,计算机芯片会产生永久性损坏。

雷电对架空线路的危害。雷击架空金属线路产生的直接雷击过电压为:

$$U_s = 100I \tag{8-34}$$

式中:U_s——雷击点雷击过电压值(kV);

　　　I——雷电流幅度(kA)。

无屏蔽架空金属线路雷电感应过电压的幅值由下式计算:

$$U_g = 25\frac{I \cdot h_d}{S} \tag{8-35}$$

式中:U_g——感应雷电压幅值;

　　　I——雷电流幅值;

　　　h_d——导线距离地面高度;

　　　S——雷击点与导线的垂直距离。

3. 建筑物附近(或地面)雷电闪击时的电磁危害

(1)建筑物外无屏蔽空间的磁场强度(图 8-7):

$$H_0 = I_0/(2\pi S_a) \tag{8-36}$$

LPZ1 区内的磁场强度:

$$H_1 = H_0/10^{SF/20} \tag{8-37}$$

LPZ 区内距屏蔽层的安全距离:

当 $SF \geqslant 10$ 时,

$$d_{s/1} = W^{SF/10} \tag{8-38}$$

当 $SF < 10$ 时,

$$d_{s/1} = W \tag{8-39}$$

(该距离即是到外墙的最短距离)

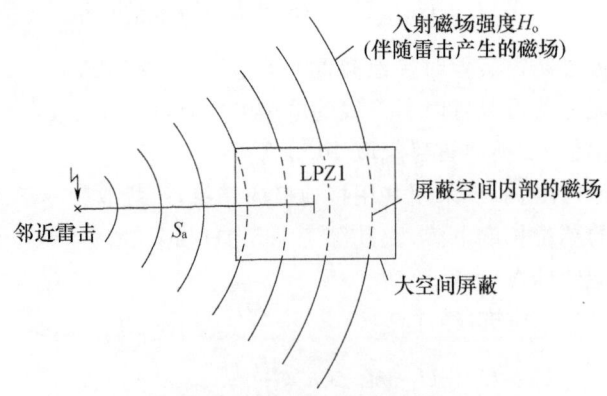

图 8-7　建筑物附近遭到雷击时磁场强度估算平面图

(2)附近雷击距离 S_a 的计算(图8-8)

建筑物长 L(m),高 H(m),雷电流 i 对建筑物闪击距离 R(m):

$$R = 10(i_0)^{0.65} \tag{8-40}$$

对于第一类防雷建筑物:$i = 200$(kA)

$$R = 10(i_0)^{0.65} = 10 \times 200^{0.65} \approx 313 \text{(m)}$$

对于第二类防雷建筑物:$i = 150$(kA)　　$R = 10(i_0)^{0.65} = 10 \times 150^{0.65} \approx 260$(m)

对于第三类防雷建筑物:$i = 100$(kA)　　$R = 10(i_0)^{0.65} = 10 \times 100^{0.65} \approx 200$(m)

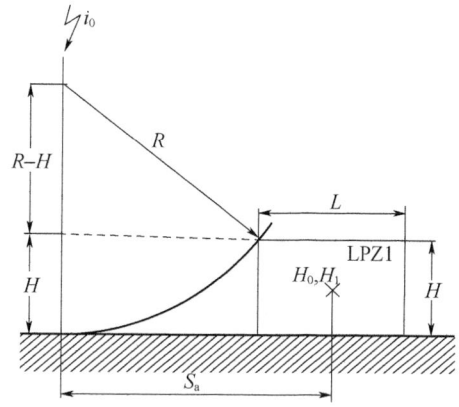

图8-8　取决于滚球半径和建筑物尺寸的最小平均距离

附近雷击距离 S_a 计算:

对于防雷建筑物而言,当雷电在其附近闪击,闪击距离小于 S_a 时,雷电将直接击在建筑物上,所以,估算附近雷击磁场强度计算,附近雷击距离 S_a 应大于等于该数值。

当 $H < R$ 时,

$$S_a = \sqrt{H(2R-H)} + \frac{L}{2} \tag{8-41}$$

当 $H \geq R$ 时,

$$S_a = R + \frac{L}{2} \tag{8-42}$$

(3)雷电击在建筑物上时的电磁危害

雷电流直接闪击在建筑物接闪器上时,绝大部分雷电流将沿建筑物外墙柱筋入地散流,雷电流在通过引下线入地过程中产生的电磁脉冲会造成设备的损坏。图8-9为雷电流直接闪击在建筑物上时磁场强度的评估示意图。

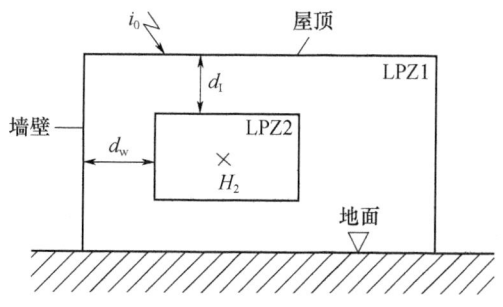

图8-9　LPZ2区内的磁场强度

在LPZ1区内安全空间(该空间指距离安全距离外、LPZ1空间内的区域)某点的磁场强度H_1按照下式计算：

$$H_1 = k_H \cdot i_0 \cdot W/(d_w \cdot \sqrt{d_r}) \tag{8-43}$$

式中：d_r——所确定的点距LPZ1区屏蔽顶的最短距离(m)；

d_w——所确定的点距LPZ1区屏蔽壁的最短距离(m)；

k_H——形状系数$(1/\sqrt{m})$，取$k_H=0.01(1/\sqrt{m})$；

W——LPZ1区格栅形屏蔽的网格宽(m)；

i_0——雷电流(A)。

距离屏蔽格栅的安全距离：$d_{s/2}=W$

4. 地电位反击的危害

建筑物内计算机及微电子设备组成的电子信息系统均要求有"干净"的接地，在未采用联合接地或暂态联合接地的情况下，当建筑物不同接地系统被泄入雷电流时，引起各接地系统"地电位"不等而出现的"高电位"地会反击其他"地电位"的接地上，导致电气设备信号线路接口大面积损坏。在不完全统计的雷击事故中，由于未采用联合接地或暂态联合接地方式而造成的雷击事故案例占10%左右。

8.9.3 磁场分析

生产主厂房防直击雷采用屋面彩钢板作为接闪器，利用建筑物结构柱作为引下线，原设计引下线间距为18 m，引下线总数为38根，计算主厂内的磁场强度方法如下。

当雷击主厂房屋顶时：

$$H_0 = I_0/(2\pi S_a)$$

式中：$I_0 = I \times K_C = 200 \times 1/38 = 5.26$ kA；分流系数$K_C = 1/n = 1/38 = 0.026$；S_a为屋顶到地面的距离，取13.4 m。

则：$H_0 = I_0/(2\pi S_a) = 200 \times 1/38/2 \times 3.14 \times 13.4 = 62.5$ (A/m)。此值大于0.03 GS(相当于2.39 A/m)，室内设备将受雷电电磁脉冲的威胁。

当防雷引下线间距为6 m时，引下线总数为104根，计算主厂内的磁场强度为：

$I_0 = I \times K_C = 200 \times 1/104 = 1.92$ kA；

分流系数$K_C = 1/n = 1/104 = 0.0096$；

S_a为屋顶到地面的距离，取13.4 m。

则：$H_0 = I_0/(2\pi S_a)(A/m) = 200 \times 1/104/2 \times 3.14 \times 13.4 = 22.8$ (A/m)。此值大于0.03 GS(相当于2.39 A/m)，室内设备仍然受雷电电磁脉冲的威胁。

设备距离处引下线的安全距离：

$$\begin{aligned}D_w &= K_h \cdot I_0 \cdot W/H_1 \cdot \sqrt{d_r} = 0.001 \times 6 \times 1920/2.93 \times 3.66 \\&= 11.52/10.72 = 1.07 \text{ m}\end{aligned}$$

因此，要使设备不受雷电电磁场的威胁，应增加防雷引下线的数量，提高分流能力，同时设备应安装在安全距离以外。

8.9.4 接地分析

接地是指电气系统的某些节点或电气设施的某些导电部分与大地或范围比较广泛能用来

代替大地的等效导体之间的电气连接。接地的目的是利用大地作为传导电流回路的一个元件,从而在正常、事故或遭受雷击的情况下将电气连接处的电位控制在某一允许的范围内,以保障人身和设备安全,维护系统和设备安全可靠的运行。接地根据接地电流的频率可分为交流接地、直流接地和冲击(包括雷电、操作波和核电磁脉冲)接地;根据接地的用途可分为工作接地、保护接地、防雷接地、防静电及电磁干扰接地。接地是防雷工程中的一项非常重要的环节,无论是防直击雷、防感应雷,最终都是将雷电流引入大地泄放,因此,一个较为合理和良好的接地装置是保障各类防雷效果的重要措施。接地装置的接地电阻通常由三部分组成:第一部分是接地体本身的电阻,通常接地极都是金属做成,这部分电阻只占总体接地电阻的1‰～2‰,是可以忽略的部分;第二部分是接地极与土壤接触部分的接触电阻,在一般土壤中这部分占总接地电阻的20%～60%;第三部分是电流经接地极流入土壤后散布时的电阻,这部分电阻由土壤电阻率决定,很明显,接地电阻与土壤电阻率成反比,同时受水平接地体的有效长度限制,因为雷电脉冲在接地中的传播速度是有限的,加之雷电流陡度高,高频分量丰富,而接地体本身有一定的分布电感,使雷电流的泄放受致电阻碍,故当水平接地体的长度达到一定数值时,它的时间常数已足够大,对雷电流的散流已不起作用,水平接地体的有效长度取决于土壤电阻率。

所在区域水平接地体有效长度:
$$L=2\sqrt{\rho} \tag{8-44}$$

式中:L——接地体的有效长度(m);

ρ——土壤电阻率($\Omega \cdot m$)。

项目区土壤电阻率平均值为905 $\Omega \cdot m$,则:
$$L=2\sqrt{\rho}=2\times30.1=60.2 \text{ m}$$

项目所在区域单根垂直接地体的接地电阻如下:
$$R=\rho/2\pi L\times\ln 4L/d \tag{8-45}$$

式中:ρ——土壤电阻率($\Omega \cdot m$),项目区土壤电阻率平均值为905 $\Omega \cdot m$;

L——接地体长度为2 m;

d——接地体的等效直径,采用∟50×50×5计算。

$$R=\rho/2\pi L\times\ln 4L/d=(905/2\times3.14\times2)\times\ln(4\times2/0.84\times50/1000)$$
$$=72.05 \ln 190.476=72.05\times5.24=377.54 \text{ }\Omega$$

所在区域单根水平接地体的接地电阻如下:
$$R=\rho/2\pi L(\ln L^2/h\times d+A) \tag{8-46}$$

式中:ρ——土壤电阻率平均值905 $\Omega \cdot m$;

L——水平接地体长度为60.2 m;

h——水平接地体的埋设深度0.8 m;

d——水平接地体的等效直径,采用—40×40×4;

A——水平接地体的形状系数为1.69。

$$R=\rho/2\pi L(\ln L^2/h\times d+A)$$
$$=905/2\times3.14\times60.2(\ln 60.2^2/0.8\times40/2/1000+A)$$
$$=2.39(\ln 226502.5+1.69)$$
$$=2.39\times(12.33+1.69)$$
$$=2.39\times14.02$$
$$=33.51 \text{ }\Omega$$

项目复合接地极的接地电阻：

$$R=\sqrt{\pi}/4\times\rho/\sqrt{S}+\rho/2\pi L\times\ln L^2/(1.6\ h\times d\times 10^4) \tag{8-47}$$

式中：ρ——土壤电阻率，平均值 905 Ω·m；

S——接地网面积，以主厂 20476.2 m² 计算；

L——水平接地体长度为 60.2 m；

d——水平接地体的等效直径，采用－40×40×4；

h——水平接地体的埋设深度 0.8 m。

$$\begin{aligned}R&=\sqrt{\pi}/4\times\rho/\sqrt{S}+\rho/2\pi L\times\ln L^2/(1.6\ h\times d\times 10^4)\\&=1.77/4\times 905/143.1+905/2\times 3.14\times 60.2\times\ln 14.16\\&=0.44\times 6.32+2.51\times\ln 14.16\\&=2.7+6.6\\&\approx 9.3\ \Omega\end{aligned}$$

通过接地分析打叶复烤厂单体建（构）筑物的接地电阻不能满足设备的接地要求，应采用联合接地方式或使用降阻材料降低土壤电阻率，接地电阻才有可能达到设备的防雷要求。

8.10　评估结论

8.10.1　防直击雷系统

通过风险分析，可以得出结论，对于所考虑的黔西南州打叶复烤厂最危险的情况是与第一类的损害——人身伤亡相关。为了将这类损害的风险减小至一个可以接受的水平，防雷装置应充分利用建筑物结构钢筋、基础钢筋等自然金属构件组成外部防雷装置和连接网络，同时形成栅格型屏蔽系统，实现对重要信息设备的屏蔽，以减弱 LEMP 的干扰。屋面接闪器可采用普通材质金属材料，接闪器规格不得小于 8 mm，引下线间距不得大于 18 m，并应采取防腐措施。突出屋面的非金属物，不在屋面接闪器有效保护范围内时，应采取避雷短针加以保护，接闪器及其附属设施上严禁敷设或悬挂电话线、网络线、工控传输线、电视天线和低压架空线路等。鉴于目前国际和国内均无非常规接闪器（如各种消雷器、提前放电避雷针、电感和电阻型避雷针）的使用标准，也没有权威检测机构出具的能证明该类非常规接闪器具有优于常规接闪器的保护效能的报告，本着安全可靠、经济合理的原则，不宜使用各类非常规接闪器。

进出建筑物的金属管、线（应穿金属管屏蔽）应埋地引入，埋地长度不小于 15 m，并在进入建筑物处应做等电位连接处理；建筑物内应将电源线的强、弱电分槽布线。电力线路、网络（等弱电）线路分别在强、弱电线槽中屏蔽敷设，如在同一电线槽中布置，应有一种线缆为金属屏蔽线缆，屏蔽线槽应每间隔 18 m 与等电位连接排相连；电源、信号线路应根据《建筑物防雷设计规范》（GB 50057—2010）及《建筑物电子信息系统防雷技术规范》（GB 50343—2012）设计安装电涌保护器。接地系统采用联合方式，接地电阻应满足设备要求。

8.10.2　电子信息系统

电子信息系统设备由 TN 交流配电系统供电时，配电线路应采用 TN-S 系统的接地方式。电子信息系统设备主机房宜设置在雷电防护区的高级别区域内，以避开 LEMP 和强干扰磁场，机房内设备和现场终端设备应远离防雷引下线和外墙结构柱。进、出建筑物的信号线缆，应选用有金属屏蔽层的电缆,或非屏蔽电缆穿金属管埋地敷设,并在 $LPZ0_A$ 区或 $LPZ0_B$ 区与 LPZ1 区交界处将电缆金属屏蔽层或金属管与等电位连接网络连接并接地。信号线路电缆内芯的空线对应在控制端(或两侧设备端)做接地处理。当交流工作接地、直流工作接地、安全保护接地、防雷接地等共用接地装置时,其接地电阻值应以设备要求的接地电阻最小值为基准,各类金属导体、电缆屏蔽层及金属线槽(架)等进入机房时,应做等电位连接。

当采用 S 型结构等电位连接时,只允许单点接地,即电子信息系统的所有金属组件,除等电位连接点 ERP 外,均应与共有接地系统的各部件之间有足够的绝缘,接地线可就近接至本机房或设备内的接地端子板(或 PE 接地干线)。电子信息系统主机房应选择在建筑物低层中心部位,机房内磁场干扰强度不大于 800 A/m。一般情况下,设备应离开外墙结构柱子的距离不小于 1 m,电子信息系统信号线路与电源线路应分开在不同线槽(管)内敷设,当共线槽(管)敷设时,应采取隔离措施,并对信号线路进行屏蔽。同时,电子信息系统线缆与配电箱、变配电房、电梯机房、空调机房、电力电缆及其他管线的净距应符合表 8-10~表 8-12 的规定。

表 8-10 电子信息系统线缆与其他管线的净距

其他管线	电子信息系统线缆	
	最小平行间距(mm)	最小交叉间距(mm)
防雷引下线	1000	300
保护地线	50	20
给水管	150	20
压缩空气管	150	20
热力管(不包封)	500	500
热力管(包封)	300	300
煤气管	300	20

注:如线缆敷设高度超过 6000 mm 时,与防雷引下线的交叉净距应按下式计算:$S \geqslant 0.05H$(H——交叉处防雷引下线距地面高度(mm);S——交叉净距(mm))。

表 8-11 电子信息系统与电力电缆的净距

类别	与电子信息系统信号线缆接近状况	最小净距(mm)
380 V 电力电缆容量 小于 2 kVA	与信号线缆平行敷设	130
	有一方在接地的金属线槽或钢管中	70
	双方都在接地的金属线槽或钢管中	10
380 V 电力电缆容量 2~5 kVA	与信号线缆平行敷设	300
	有一方在接地的金属线槽或钢管中	150
	双方都在接地的金属线槽或钢管中	80
380 V 电力电缆容量 大于 5 kVA	与信号线缆平行敷设	600
	有一方在接地的金属线槽或钢管中	300
	双方都在接地的金属线槽或钢管中	150

注:1. 当 380 V 电力电缆的容量小于 2 kVA,双方都在接地的线槽中,即两个不同线槽或在同一线槽中用金属板隔开,且平行长度小于等于 10 m 时,最小间距可以是 10 mm;

2. 电话线缆中存在振铃电流时,不应与计算机网络在同一根双绞线电缆中。

表 8-12 电子信息系统线缆与电气设备之间的净距

名称	最小间距(m)	名称	最小间距(m)
配电箱	3.00	电梯机房	2.00
变电室	2.00	空调机房	2.00

电子信息系统宜安装多级避雷器(SPD)防止雷电过电压。第一级安装在配电系统总出线处(配电盘);第二级安装在各系统供配电柜(箱)内;第三级安装在电子设备前端(计算机终端电源稳压器或 UPS 电源前)。各级 SPD 通流量分别为第一级不小于 100 kA($8/20~\mu s$)或 40 kA($10/350~\mu s$),第二级不小于 40 kA($8/20~\mu s$)(限压型),第三级不小于 20 kA($8/20~\mu s$)(限压型),第四级不小于 10 kA($8/20~\mu s$)(限压型),为确保安全,建议要求第一级 SPD 为开关型;其余各级 SPD 为限压型。各级限压型 SPD 的电压保护水平应满足设备最低耐压水平要求,且有 20% 安全容量。

8.10.3 接地系统

项目单体建(构)筑物的接地电阻是不能满足设备的接地要求,为使接地电阻达到设备要求,应采用联合接地方式,将各建(构)筑物在水平方向上连接在一起,使整个厂区成为一个接地网,各建(构)筑物从基础环形接地体每 60 m 预留一处外引接地端子,不足 60 m 的在建(构)筑物两端各预留一处外引接地端子,各外引接地端子采用-40×40×4 扁钢连接,扁钢埋设深度不得小于 0.8 m,各连接扁钢间增加垂直接地体,垂直接地极采用 2000 mm∠50×50×5 的角钢,为减少垂直接地体间的屏蔽效应,垂直接地极的间距不小于 3~5 m。距主生产区较远的应利用管线桥架基础作为接地体,然后利用-40×40×4 扁钢连接,各建(构)筑物基础应充分利用桩、承台结构主筋构成自然接地装置,采用钻孔灌注桩时,每桩利用外围结构主筋中对角 2 根主筋作为垂直接地体,沿桩身每隔 2 m 利用箍筋将桩基外围主筋焊接连通构成钢筋笼,利用结构外圈梁主筋焊接连通作为水平接地体。利用基础结构梁两条主筋焊接构成不大于 10 m×10 m 或 12 m×8 m 的接地网格。筏板基础应利用基础结构梁或筏板基础内两条主钢筋构成接地网格,要求接地网格不大于 10 m×10 m 或 12 m×8 m。为了有效降低接地电阻和方便进出建筑物的金属管线等电位连接,宜将地下部分结构外圈梁内两条主筋焊接连通作为环形接地装置,并与引下线焊接连通。独立柱基础在柱基础利用外围结构主筋中对角 2 根主筋作为垂直接地体。

8.10.4 消防联动控制系统

采用共用接地系统,设置总等电位连接和局部等电位连接,消防控制室应采用 S 型或 Ss 型局部等电位连接网络,系统中所有设施的电缆管线屏蔽层均须经等电位连接点 ERP 进入控制室,控制室和消防系统内所有设备的机架(壳)、配线线槽、设备保护接地、安全保护接地、SPD 接地端等均应分别通过 ERP 点进行等电位连接。室内所有金属组件与共用接地系统各部件之间应有足够的绝缘(10 kV,$1.2/50~\mu s$)。应采用截面积不小于 25 mm^2 的多股铜芯绝缘导线穿硬质塑料管作为接地线就近接至本控制室或本楼层的接地端子板。厂内各处设置的区域报警控制器的金属机架(壳)、金属线槽(或钢管)、电气的接地干线、接线箱的保护接地端等,应就近接至等电位接地端子板。消防联动控制系统所控制的水、风、空调系统等设备的金属机架(壳)、管道均应就近与预留的等电位接地端子进行良好等电位连接。消防电子设备凡采用交流供电时，交流配电系统宜安装 3～4 级 SPD，若消防控制室采用在线式 UPS 电源供电时，UPS 电源前端一级 SPD 宜采用串联型，其保护水平应与 UPS 电源耐压水平相适配，输出功率应满足消防控制室用电功率要求；直流配电系统宜安装 1 级 SPD，其保护水平应满足设备耐压水平要求。在消防控制主机信号传输、联动控制线进、出线处安装适配的信号 SPD。火灾报警系统的报警主机、联动控制盘、火警广播、对讲通信等系统的信号传输线缆在穿越防雷分区时，应在防雷分区交界处装设适配的信号 SPD。消防控制室与本地区或城市"119"报警指挥中心之间联网的进、出线路端口，应装设适配的信号线路浪涌保护器(SPD)。

8.10.5　设备监控系统

系统采用共用接地系统，设置总等电位连接和局部等电位连接，中控室内应采用 S 型或 Ss 型局部等电位连接网络，系统中所有设施的电缆管线屏蔽层均须经等电位连接点 ERP 进入中控室，系统内所有设备的机架(壳)、配线线槽(管)、设备保护接地、安全保护接地、终端设备保护接地、SPD 接地端等均应分别通过 ERP 点进行等电位连接。室内所有金属组件与共用接地系统各部件之间应有足够的绝缘(10 kV，1.2/50 μs)。应采用截面积不小于 16 mm² 的多股铜芯绝缘导线穿硬质塑料管作为接地线就近接至本控制室或本楼层弱电竖井间内的接地端子板。现场智能控制器到各类被控设备的线缆金属护套(或穿线管、槽)应同被控设备的金属架(壳)等电位连接，并就近接至等电位连接端子板上。各类信号电缆、控制网络总线应敷设在金属线槽(管)，金属线槽(管)两端与设备金属外壳等电位连接，为避免干扰，应将信号电缆、控制网络总线与电源电缆分开敷设，当同槽(管)敷设时，应采取屏蔽措施。交流配电系统宜安装 3～4 级 SPD，若中控室采用在线式 UPS 电源供电时，UPS 电源前端一级 SPD 宜采用串联型，其保护水平应与 UPS 电源耐压水平相适配，输出功率应满足消防控制室用电功率要求；采用直流供电的系统，宜安装 1 级 SPD，其保护水平应满足设备耐压水平要求。

引入(出)中控室的信号电缆、控制网络总线在各类中控设备端安装与其耐压水平相适配的信号 SPD；信号电缆、控制网络总线在穿越不同防雷分区时，应在防雷分区交界处装设适配的信号 SPD；易受 LEMP 干扰的现场智能控制器进线处安装适配的SPD。

雷击风险评估以大量、繁杂的数据为基础，既包括建筑物原始数据，也包括相当数量的根据现场情况测试、勘察、核实的数据，因此，它是一个综合、复杂的工程。

考虑到经济与技术结合的最大效益，国际标准和国内标准规定了建筑物允许落闪频率和可接受的最大危险度，超出规范规定值的雷击损坏是可能存在的，因此，根据被评估对象的具体情况，客观科学地做雷击风险评估非常重要，而且要留有一定的余量。

第 9 章　防雷规范释义

在防雷检测技术服务中,针对不同的检测对象而采用相应的防雷规范标准,但在使用规范时,大多数规范使用者都只去执行规范的判定结论,而对规范判定结论的意义并不理解,死搬硬套,最终导致的结果就是不能科学、实用、合理地对防雷系统做出正确的评价,有时可能会让服务对象为一个误判结论花费极大的人力物力来整改,提高了社会成本,浪费了公共财力。

在防雷检测技术服务过程中,检测人员既是规范的使用者,又是规范的执行者,对各种防雷规范的理解能力直接反映检测技术服务能力和水平。随着防雷体制改革的深入,服务对象选择检测机构的面越来越大,检测服务能力和水平将是服务对象选择的重要成分,面对服务对象的质询,如果不能对防雷规范条款做出正确、客观的解释,将影响用户对检测机构的评价。作为检测机构,如果没有用户的信任和尊重,将难以立足于社会,简而言之,就是社会不需要的就没有存在的必要,更谈不上市场竞争的能力。作为管理者的身份也是如此,在对检测机构的事中事后管理过程中,管理者对规范标准的理解程度,直接影响管理结果。如果管理者对规范的理解程度和应用能力还不如检测机构,管理者将很难发现检测机构是否公平、公正、科学、合理地为社会提供检测技术服务,因此,对直接影响防雷系统性能的判定条款的物理意义的深入分析、释义是十分必要的。

9.1　建筑物防雷规范条款解释

1. 避雷带在转角处为何不能成直角或锐角?

《建筑物防雷装置检测技术规范》(GB/T 21431—2015)规定:接闪带在转弯处应按建筑物造型弯曲其夹角应大于 90°,弯曲半径不宜小于圆钢直径的 10 倍。用安培定律中的左手和右手定律来判定接闪带的受力方向,右手定律判定载流导体所产生的磁场方向,左手定律判定处于该磁场中载流导体的受力方向,如图 9-1 和图 9-2 所示。

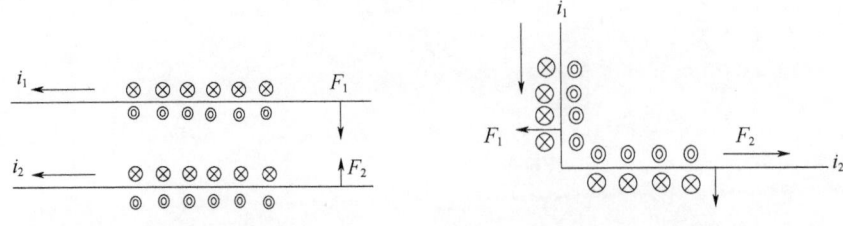

图 9-1　平行导体受力情况　　　　图 9-2　转弯导体受力情况

经安培定律判定,当电流方向一致时,两平行导体之间的电动力相"吸",而防雷接闪带转角时,电流方向将发生改变,导体间的电动力相"斥",电动力的大小可由下式计算:

$$F=1.02\times\frac{2l_0}{d}i_1\times i_2\times 10^{-8} \tag{9-1}$$

式中：l_0——载流导体的单位长度，取 1 m；
　　　d——载流导体的间距；
　i_1、i_2——雷电流幅值。

当防雷接闪带转角处为直角，当有三类雷电流幅值 100 kA 的雷电流流过接闪带时，两导体的间距按规范要求取圆钢直径的 10 倍（常规设计接闪带的直径为 12 mm），在转角处产生的拉力为：

$$F=1.02\times\frac{2l_0}{d}i_1\times i_2\times 10^{-8}=1.02\times\frac{2\times 1}{0.12}\times 100000\times 100000\times 10^{-8}=1700 \text{ kg}$$

计算表明，当接闪带在转角处成直角，当有 100 kA 的雷电流流过，将产生 1700 kg 的拉力，且拉力随角度的减小而增大，由于电动力的作用，接闪带转角处成为直角或锐角，接闪雷电流时，接闪带在转角处可能会被强大的电动力拉断，这就是规范如此规定的主要原因。既然转角处不能成为直角或锐角是防止电动力拉断接闪带，在有特殊工艺要求的建筑物上安装接闪带时，只要作为接闪带材料的载流量足够，在转角处加强焊接面抗电动拉力是可行的。

2. 接地体埋设深度大于 0.5 m，垂直接地体间距大于 5 m，为何？

在《建筑物防雷设计规范》(GB 50057—2010)中明确规定：人工接地体在土壤中的埋设深度不应小于 0.5 m；人工垂直接地体的长度宜为 2.5 m，其间距以及人工水平接地体的间距均宜为 5 m，当受地方限制时可适当减小。首先，接地体埋设深度大于 0.5 m 是防止因气候变化土壤电阻率发生变化而影响接地电阻的稳定性。防雷接地系统中，接地电阻应由三部分组成：一是接地材料自身的电阻；二是接地体与土壤的接触电阻；三是雷电流泄放时在土壤中呈现的散流电阻。其中接地材料自身电阻可忽略不计，接地体与土壤的接触电阻约占 30%，雷电流在土壤中泄放时所呈现的散流电阻约占 70%，而散流电阻跟土壤电阻率成正比，若接地体埋设过浅，气候变化将直接影响接地电阻值。其次，由于雷电流经接地极在土壤中泄放时，其电位梯度呈半球形分布，要求接地体埋设深度大于 0.5 m，也是防止跨步电压过高而产生的危害基本措施。对于垂直接地体间距宜大于 5 m 的要求，主要是防止垂直接地体之间产生电磁屏蔽而影响泄流，从而降低接地网的响应时间。接地系统通常由垂直接地极和水平接地极组成，在垂直接地极上的电流方向都是垂直向下，各垂直接地极的磁场方向也是一致的，如图 9-3 所示。

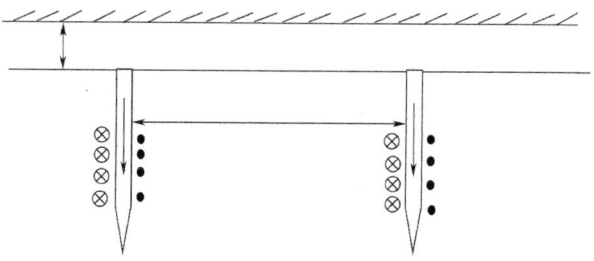

图 9-3　垂直接地极磁场分布示意图

由于磁场的磁力线环绕方向一致，两磁场将产生相互屏蔽的效应，由磁场公式 $B=\dfrac{I}{2\pi rk}$ 的物理意义来判定，接地极安装完成后，式中的分母部分就成为一个常数，由于磁力线的方向一致,磁场强度将会减小。由于分母是一个常数,只有通过的电流减小,其磁场强度才会减小,流过垂直接地极的电流减小相当于延长雷电流的泄放时间,对于供雷电流泄放的接地系统来说是十分不利的,因此规范要求其间距宜大于 5 m。

3. 电压开关型与限压型浪涌保护器之间的线路长度应大于 10 m,限压型浪涌保护器之间的线路长度应大于 5 m,为何?

在《建筑物电子信息系统防雷技术规范》(GB 50343—2012)第 5.4.3 条第 6 款中明确规定:当电压开关型浪涌保护器与限压型浪涌保护器之间的线路长度小于 10 m、限压型浪涌保护器之间的线路长度小于 5 m 时,在两级浪涌保护器之间应加装退耦装置。其目的是确保浪涌脉冲沿电源线路侵入时,各级浪涌保护器(SPD)能分级启动。在线路上安装有多级 SPD,由于各级 SPD 的启动电压和通流量不同,安装时接线长度不同,当浪涌脉冲侵入时,可能出现 SPD 不启动的现象,为避免这一现象,两级 SPD 之间必须有一定的线路长度,利用线缆的自身感抗来减少 SPD 不启动的现象发生。当电压开关型浪涌保护器与限压型浪涌保护器同时接入线路实施保护时,两级间的线路间距就是在响应时间差的时间内,浪涌脉冲在线缆中的传输距离。

$$S = V \times T \tag{9-2}$$

式中,V 是浪涌脉冲在线缆中的传输速度为 1.5×10^{-8} m/s,T 是两种浪涌保护器响应时间的时间差,电压开关型浪涌保护器使用的是放电间隙,其响应时间通常为 100 ns,限压型浪涌保护器采用压敏元件,响应时间通常为 25 ns,两级 SPD 的响应时间差为 75 ns,在此时间内浪涌脉冲在线缆中的传输距离即为两级 SPD 的分级响应线路距离。

$$S = V \times T = 1.5 \times 10^{-8} \times 7.5 \times 10^{-8} \approx 11.3 \text{ m}$$

计算结果表明,为确保电压开关型浪涌保护器与限压型浪涌保护器能分级响应,其间的线路间距至少应为 11.3 m,规范中规定的 10 m 间距偏小。

当两浪涌保护器都是限压型 SPD 时,响应时间都为 25 ns,两级 SPD 的线路间距就是在 25 ns 内浪涌脉冲在线缆中的传输距离。

$$S = V \times T = 1.5 \times 10^{-8} \times 2.5 \times 10^{-8} \approx 3.8 \text{ m}$$

计算结果表明,为确保两级限压型浪涌保护器能分级响应,其间的线路间距至少应为 3.8 m,规范中规定的 5 m 间距能满足响应要求。

总之,规范规定电压开关型与限压型浪涌保护器之间的线路长度应大于 10 m;限压型浪涌保护器之间的线路长度应大于 5 m,就是为了使各级 SPD 能够分级响应,避免当浪涌脉冲侵入时由于传输间距不足而造成 SPD 不启动的现象发生。但是电压开关型与限压型浪涌保护器之间的线路长度实际应用中应大于 11.3 m。

在防雷技术服务的过程中,会涉及多种规范和技术标准,大多数条款的意义比较明确,部分条款的实际意义就要规范的使用者或执行者在实际工作分析应用,需要在应用规范中分析的条款还很多,如避雷针安全距离不得小于 3 m、接闪器的材型规格、是否跨接的距离、等电位连接的方式等。

9.2 雷击灾害调查实例

雷击灾害调查分析是防雷减灾的一项基础性工作,目的是经过调查分析雷击发生的原因、损害途径、防护对象及防护方式,确定现有防护措施是否安全,给出防护建议,防止或减少同类雷击事故的发生；意义是为各相关职能部门管理安全生产，防范公共安全事故发生提供理论及数据支撑。

本节通过对黔西南州广播电视网络信息传输中心大老子山转播站2018年8月2日雷击灾害原因分析，给出了其雷电防护整改措施建议，为大老子山防雷接地系统的整改提供理论帮助。

9.2.1 基本情况

接到黔西南州广播电视网络信息传输中心报告，称其配电柜及部分设备又受到雷击后，立即组织相关人员赶到现场进行勘察，勘察过程中发现受损设备应是8月2日这次雷雨天气过程造成的，且该转播站同年5月12日发生过雷击事故，因此，在此次勘察中用大地网测试仪对该转播站主接地网进行校验测试，8月6日14时30分左右完成现场勘察。

大老子山转播站1#、2#、3#配电柜设置在总配电室内，自动切换单元已接地，4#配电柜设置在模拟机房，自动切换单元已接地，5#配电柜设置在数字机房，安装有一级通流量为40 kA的浪涌保护器，但安装位置为设备端，对电源端的自动切换单元不起保护作用，自动切换单元已接地。数字机房码流切换器、电视信号接收机顶盒只有机柜接地，设备安装在机柜上，设备与机柜间存在接触电阻。中星6A、中星6B接收机高频头为有源高频头，处于天线塔的防直击雷保护范围内，但其基座未接地。其他设备未损坏。

经双方工作人员现场查阅值班记录，数字机房码流切换器、电视信号接收机顶盒、中星6A接收机高频头、中星6B接收机高频头、UPS供电模块于8月2日损坏。询问当日值班员，基本确定这次雷击发生于8月2日18:00—19:30这个时间段。

9.2.2 当日天气情况

根据黔西南州气象局雷达回波记录，2018年8月2日17时41分至20时19分，兴义地区有雷雨天气。查当日多普勒雷达扫描的雷雨强度分析记录，雷达回波强度在35~45 dBZ，黔西南州广播电视网络信息传输中心大老子山转播站正处于这次雷雨天气尺度内。17时41分至20时19分为此次雷暴过程的最强回波，强度达35 dBZ，20时20分雷暴已基本移出区域。雷达回波如图9-4所示。

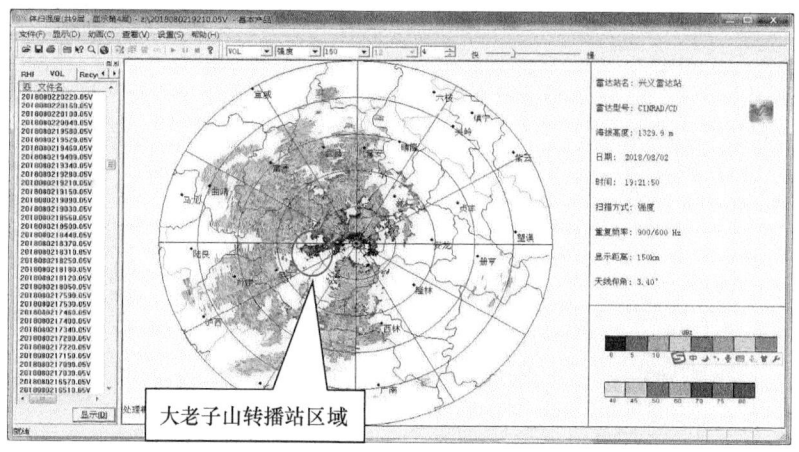

(a)

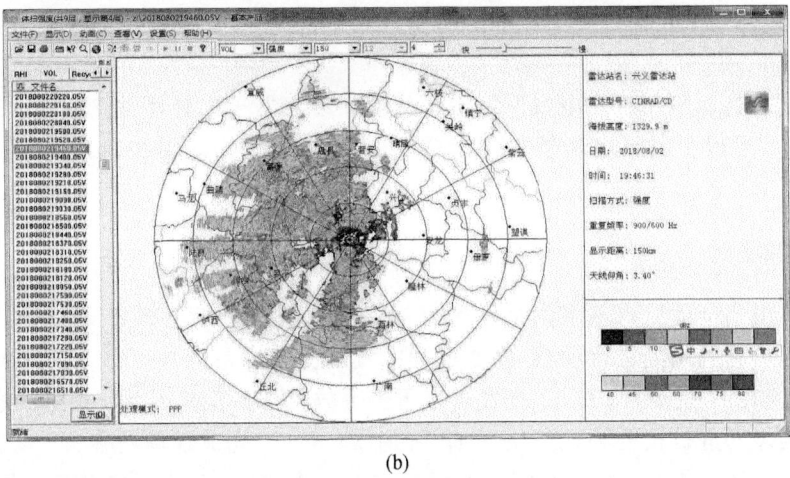

(b)

图 9-4　雷达回波

9.2.3　闪电监测情况

根据贵州省闪电定位系统记录,8 月 2 日 17 时 41 分至 20 时 19 分,该区域内共发生雷电 21 次,闪电极性为 2 次正闪电,19 次负闪电,闪电强度在 16.29～80.09 kA,大老子山转播站正处于这次雷雨天气尺度内,如图 9-5 所示。

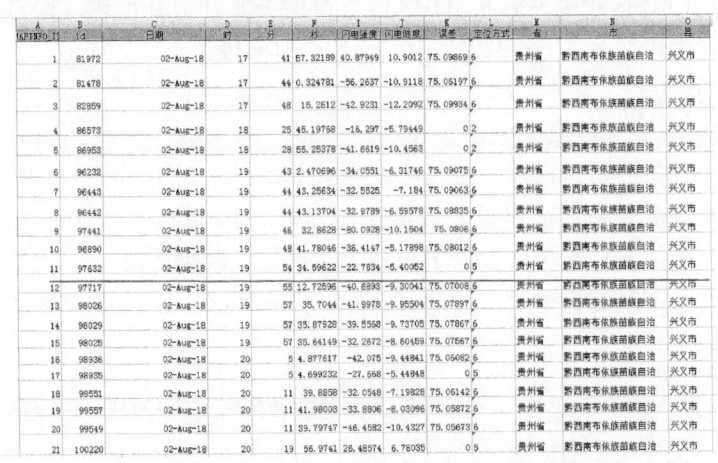

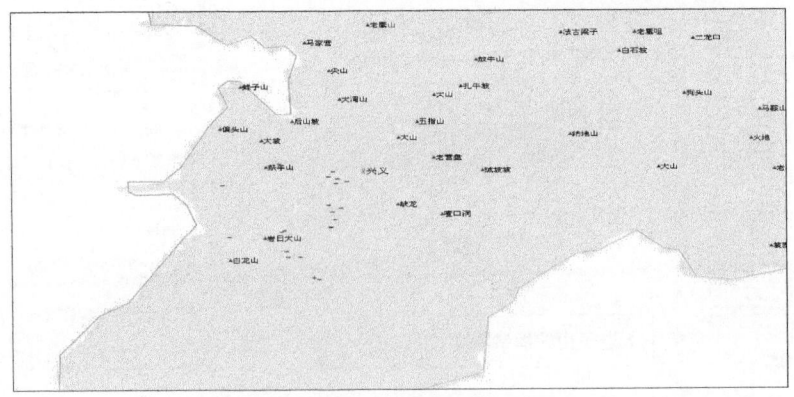

图 9-5　闪电定位图

9.2.4 地网测试情况

黔西南州广播电视网络信息传输中心大老子山转播站于同年 5 月 12 日发生过一次雷击，8 月 2 日再次发生雷击，而且雷击损坏的设备几乎与上次雷击损坏的设备一样，经商黔西南州广播电视网络信息传输中心并同意，对大老子山转播站地网进行测试，使用大地网测试仪对地网校测。本次测试的测试电流为 3 A，测试频率为 45 Hz、55 Hz，目的是为避免工频干扰，电流极放线距离为 1200 m，电压极放线距离为 800 m，如图 9-6 所示。

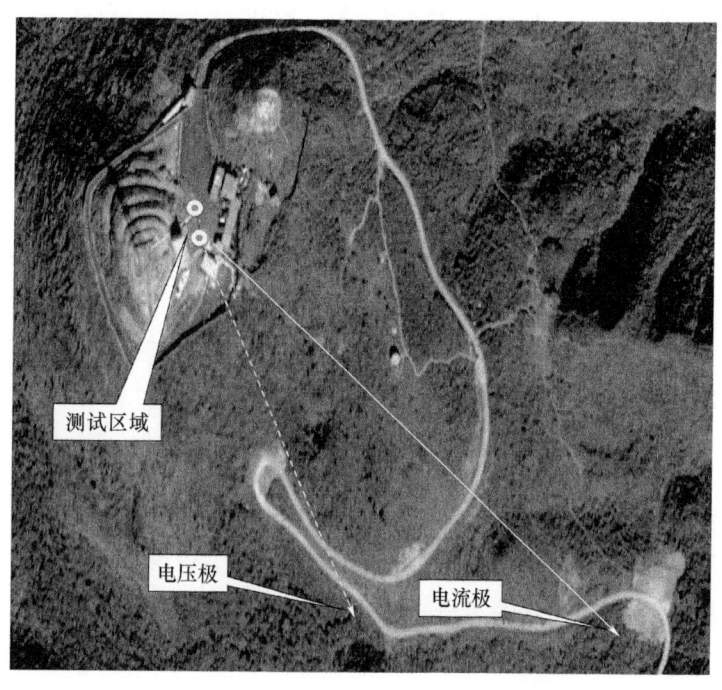

图 9-6 大地网测试放线及测试位置图

经实测，大老子山转播站接地电阻为 3.86～4.12 Ω，接地电阻符合设备要求最小值要求。但在对其等电位和 SPD 测试时发现，新建的天线塔基未做均压处理，使得电位梯度不平衡、分流系数小，当雷击发生时，泄流通道只有向数字机房一个方向，从而使这一方向的地电位骤升，导致感应雷击与地电位反击并存而使设备损坏。SPD 的启动电压高达 700 V 以上，对雷电感应过电压及过电流没有钳位及泄流的作用。

9.2.5 灾害原因分析

根据雷达回波和闪电定位系统资料并结合现场勘察情况分析，黔西南州广播电视网络信息传输中心大老子山转播站发生雷击为 2018 年 8 月 2 日 19 时 46 分 32 秒，闪电定位系统显示，8 月 2 日 19 时 46 分 32 秒发生闪电的经纬度与转播站所在地的经纬度相符合。

判定转播站于 19 时 46 分天线塔接闪雷电遭受雷击，雷电流强度为 80.09 kA，极性为负，电流陡度为 $-10.15\ \mu s$，当雷击发生时，在 10.15 μs 内泄流通道要泄放掉 80.09 kA 的雷电流，由于雷电感应或地电位抬升，使得各种金属线缆感应较高雷击过电压，当线缆上连接的设备、设施没有浪涌保护和接地不良时，将受感应雷击而损坏。天线接闪雷电时，雷击点的电位最高，可忽略天线塔本身的电阻电压，从而用下式计算天线塔基处的电位：

$$U_0 = \sqrt{\frac{\rho I E_0}{2\pi}} \tag{9-3}$$

式中：U_0——天线塔基处的电位(kV)；

ρ——土壤电阻率($\Omega \cdot m$)；

I——雷电流幅值(kA)；

E_0——土壤临界击穿场强(kV/m)。

注：土壤临界击穿场强目前全世界没有一个确定值，南非学者给出的经验公式：$E_0 = 241\rho 0.215$，由于大老子山的土壤电阻率较大，取 $2000\ \Omega \cdot m$，因此采用李良福先生提出的 $E_0 = 500\ kV/m$。

$$U_0 = \sqrt{\frac{\rho I E_0}{2\pi}} = \sqrt{\frac{2000 \times 80.09 \times 500}{2 \times 3.14}} = \sqrt{\frac{80090000}{6.28}} = \sqrt{12753184.71} = 3571.16\ kV$$

此值表明当天线塔接闪 80 kA 的雷电流时，塔基的电位最高可达 3571.16 kV。

电气与电子系统设备的耐冲击电压额定值如表 9-1 所示。

表 9-1　电气与电子系统设备的耐冲击电压额定值

设备类型	电子设备(kV)	电气设备(kV)	电网设备(kV)
耐冲击电压额定值 U_W	1.5	2.5	6

因此，黔西南州广播电视网络信息传输中心大老子山转播站发生的雷击为感应雷击和地电位反击，所损坏的设备均为电子设备，码流切换器、电视信号接收机顶盒、中星 6A、中星 6B 接收机高频头的耐冲击电压额定值为 1.5 kV 均小于感应过电压。各配电柜自动切换控制单元的耐冲击电压额定值为 1.5 kV，切换装置构件的耐冲击电压额定值为 2.5 kV，这就是手动切换正常而自动切换控制单元损坏的主要原因。同时，由于在这次雷击过程中，SPD 均未启动，地电位反击也是这次设备损坏的原因之一。

9.2.6　雷电防护建议

经现场勘察并结合雷达回波及贵州省闪电定位系统数据分析，黔西南州广播电视网络信息传输中心大老子山转播站于 2018 年 8 月 2 日 19 时 46 分天线塔遭受直接雷击，雷电防护建议如下：

1. 1～5 号配电柜安装的浪涌保护器(SPD)的启动电压过高，应安装启动电压为 560 V 左右的 SPD，且残压值应小于 1.5 kV。

2. 数字机房中各设备与机柜之间存在接触电阻，机柜与接地铜排之间存在接触电阻，应整改。凡是不能解决接触电阻的设备，可采用不小于 $\varnothing 2.5$ 的接地线将该设备与接地铜排相连接。

3. 中星 6A、中星 6B 接收天线基座应接地，接收机高频头可根据接口形式、频率、传输速率、工作电平等参数安装天馈线浪涌保护器保护。

4. 发射塔地网的接地电阻为 3.86～4.12 Ω，基本符合要求，根据转播站所处地理环境，就完善天线基座的均压环设置，建议完成三层均压环，将塔基四角与均压环连接，组成放射状接地网，在设置均压环时，在每层均压环中加入接地模块并在接地模块上敷设降阻材料，最后再回填土壤。其目的是平衡电位梯度，提高分流系数，降低土壤电阻，改善泄流环境。

雷击灾害调查鉴定是应用雷电及相关专业知识和科学技术手段，科学、规范、准确、公正地对雷击灾害的发生原因进行客观论证，鉴定结论能正确反映雷击灾害现象及结果，鉴定建议能正确指导防雷系统的整改方法,减少同类雷击灾害的发生。我国对于雷击灾害调查鉴定目前还处于探索阶段,对雷击灾害鉴定科学技术手段及鉴定能力还需要大力提升,由于雷击灾害调查鉴定工作是一项烦琐而复杂的工作,许多结论须根据监测数据进行反演计算,雷击灾害鉴定人员需要掌握全面的专业知识才能胜任鉴定工作,因此,对雷击灾害调查鉴定人员的培训、锻炼、培养尤为重要。

9.3 冻土与非冻土的土壤电阻率对比

土壤电阻率是防雷检测和雷电风险评估过程中的一个重要参数,其准确度直接关系到检测结论和评估结果。特别是在4000 m以上的高海拔地区进行雷电风险评估时,客观上认为冻土层的土壤电阻率比较大,但大到什么程度没有理论分析,本节从实地勘测和理论分析入手,分析相同地域冻土与非冻土的土壤电阻率。

在防雷工程实践中,通常设计接地系统时只用"将接地极埋于冻土层下"或"根据地勘报告"来表述,地勘报告中的冻土层的土壤电阻率要比实际冻土层的土壤电阻率小,因为地勘时钻取到的冻土层段的表面有融冰现象,测试时所表征的土壤电阻率实际上是取样土壤表面冰水混合物的电阻率,不代表真正冻土层的土壤电阻率。本节是通过对海拔4600 m的西藏某大型铜矿基建项目进行雷电风险评估前,采集土壤电阻率时同时做的对比测试,为避免冻土层产生融冰现象,采取钻孔并间隔时间测试,为减少测量误差,在同一地段上采用垂直模拟接地极采集土壤电阻率数据。我们经过十余处同一地段上冻土与非冻土的土壤电阻率模拟接地极测试,并将测试结果进行对比分析,取得一定的分析数据。

1. 垂直模拟接地极测量土壤电阻率

单根垂直接地极接地电阻计算公式为:

$$R=\frac{\rho}{2\pi L}\ln\frac{4L}{d} \quad (9\text{-}4)$$

变换后为:

$$\rho=\frac{2\pi L}{\ln\frac{4L}{d}}R \quad (9\text{-}5)$$

式中:ρ——土壤电阻率($\Omega \cdot m$);

L——模拟接地体打入地下的长度(m);

d——接地体等效直径(m)。

令 $K=\dfrac{2\pi L}{\ln\dfrac{4L}{d}}$,取:$d=0.02\ m,L=1.0\ m$,则 $K\approx 1.187\approx 1.2$。

式(9-5)简化为:

$$\rho=1.2\,R\ (\Omega \cdot m)$$

为了取得不同深度土壤电阻率数值,使所测试的土壤电阻率更接近实际,测试时取模拟接地体打入地下的典型深度值在0.3~2.0 m,相应系数 K 见表9-2。

表9-2 典型深度系数 K 值

深度 L	0.3 m	0.6 m	0.8 m	1.0 m	1.5 m	2.0 m
系数 K 值	0.456	0.787	0.989	1.187	1.65	2.096

2. 冻土层与非冻土层土壤电阻率测量值对比分析

为了进一步验证冻土层与非冻土层土壤电阻率数值关系,我们采用垂直模拟接地极法进行了 10 组对比实验,采用垂直接地极测试法得出的不同采集点在相同土壤情况下冻土层与非冻土层土壤电阻率测试的对比数据,见表 9-3。

表 9-3 相同土壤条件下冻土层与非冻土层土壤电阻率的对比值($\Omega \cdot m$)

点数	1	2	3	4	5	6	7	8	9	10
非冻土层	965.2	887.1	943.5	798.2	1123.1	977.8	1241.8	786.4	984.7	798.1
冻土层	1947.3	1856.6	1921.8	1653.4	2153.6	1997.3	2312.1	1612.2	2011.2	1711.6
同点相差值	982.1	969.5	978.3	855.2	1030.5	1019.5	1070.3	825.8	1026.5	913.5
平均相差值					967.12					

从表 9-3 中可知,相同土壤条件下冻土层与非冻土层的土壤电阻率相差比较大,两种土层的电阻率相差值在 900~1100 $\Omega \cdot m$,这就是要求设计人员在工程设计、施工时要求接地极要埋在冻土层以下的主要原因。但是,随着全球气候变暖,冰川溶化,雪线上升,高海拔地区的土壤电阻率也在变化,在西藏,永久冻土层也只出现在海拔 4000 m 以上的区域,随着全球气候变暖,永久冻土层海拔也会上升。但了解冻土层与非冻土层的土壤电阻率差距,对防雷工作有一定的指导意义。

(1)土壤电阻率不但是防雷检测和雷电风险评估过程中的一个重要参数,也是防雷接地设计过程中的一个重要参数,其准确度直接关系工程设计的科学性和系统优化,也影响到建设投资费用。

(2)垂直模拟接地极法采用 20 mm 圆钢,采用钻孔与间隔时间的方法,避免钻孔时冻土层产生融冰现象,通过系数反算土壤电阻率,方法科学,简单易行。

(3)根据实际测量,采用垂直接地极法将圆钢打入非冻土层和冻土层相应深度测试得到的土壤电阻率能表征同一测点的电阻率,比较可靠,在同一区域上测试 10 个点的冻土层与非冻土层的土壤电阻率数据,对优化防雷减灾技术服务有很大的帮助。

9.4 防雷装置检测方案样式

一、工程概况

1.1 工程名称:××发电厂全厂防雷装置检测。

1.2 工程地点:××市××县××发电厂。

1.3 工程范围:全厂防雷、接地装置检测。

二、施工组织措施

项目负责人:×××

技术负责人:×××

工作负责人:×××

工作班人员:×××等 6 人

驾驶员:×××

现场安全员:×××

三、技术措施

1. 概述。

针对××发电厂全厂区域,含厂房营地区域、生产厂房、大坝等生产生活区域,值班楼、办公楼等生活区域,监控、控制、通信设施等电子信息系统的防雷、接地装置检测,特编制本方案。

2. 工期进度计划:6 天。

3. 技术措施及要求。

3.1 技术措施

(1)检测人员:技术负责人 1 人:×××;主检工程师 1 人:×××;检测员 4 名:×××、×××、×××、×××。

(2)检测仪器:大地网测试仪一套、接地电阻测试仪一套、等电位测试仪一套、防雷元件测试仪一套、测试辅助用线 8 套、安全防护设备 6 套。

(3)检测内容:全厂建(构)筑物的防雷设施、接地装置进行测试,对接地极位置、全厂接地电阻、过渡电阻、跨步电压、引下线、避雷针、避雷带、避雷网、跨接线、断接卡、避雷器启动电压、避雷器漏电流、等电位连接、防静电接地、汇流排、接地母线进线逐一测试。

(4)重点要求:对主接地网接地电阻、主变中性点接地电阻等工作接地和重要设备如 GIS 的保护接地必须逐一进行测试。

3.2 技术要求

(1)独立避雷针或架空避雷线(网),应使被保护物均处于接闪器的保护范围内,其保护范围按滚球法计算(GB 50057—94(2000)附录四),并且与被保护物保持足够的安全距离。

(2)直接装设在建筑物上的避雷针宜设在建筑物屋面的凸出处和拐角处。

(3)避雷带(网)应沿屋角、屋脊、屋檐、檐角、女儿墙等易受雷击部位敷设,在过变形缝时应设置补偿装置;根据第一类、第二类、第三类建筑物防雷类别,避雷带应分别按平均间距不大于 12 m、18 m、25 m 与引下线连接一次。

(4)避雷带应闭合、平正顺直,支持件间距均匀,固定可靠,避雷带支持件间距水平直线距离不大于 1.5 m,转弯处半径不大于 0.5 m。

(5)接闪器与接闪器、接闪器与引下线的连接应采用焊接或其他可靠连接方式,其过渡电阻应小于 0.03 Ω。焊接应饱满牢固,不应有夹渣虚焊、气孔及未焊透现象;螺栓连接应紧密、牢固、有防腐蚀措施。

(6)接闪器焊接时的搭接长度:扁钢与扁钢搭接为扁钢宽度的 2 倍,不少于三面施焊;圆钢与圆钢搭接为圆钢直径的 6 倍,双面施焊;圆钢与扁钢搭接为圆钢直径的 6 倍,双面施焊;扁钢与钢管、扁钢与角钢焊接,应紧贴钢管表面或紧贴角钢外侧面,上下两侧施焊。

3.3 检测项目(表 9-4)

表 9-4 防雷设施检测工程量清单

序号	设施	单位	数量	备注
1	办公楼防直击雷	栋	8	
2	办公楼交换机房及网络设备 1F、2F、3F、4F	项	4	
3	倒班楼(东楼、西楼)	项	8	
4	物业公司区域	栋	4	
5	厂房区域	项		

续表

序号	设施	单位	数量	备注
5.1	主厂房	栋	3	
5.2	出线平台	项	8	
5.3	中控楼	项	4	
5.4	500 kV GIS 开关站	项	16	
5.5	厂房边坡泵房	项	2	
5.6	增值站区域	栋	4	
5.7	码头	项	6	
5.8	检修综合楼	项	12	
5.9	厂房保安值班室	项	2	
5.10	厂房至尾水接地网	项	2	
5.11	厂房至大坝接地网	项	2	
5.12	厂房至调压井接地网	项	2	
6	大坝区域	项		
6.1	大坝观测自动化系统	项	1	
6.2	C1 观测房	项	2	
6.3	C2 观测房	项	2	
6.4	C3 观测房	项	2	
6.5	C4 观测房	项	2	
6.6	L1 观测房	项	2	
6.7	L2 观测房	项	2	
6.8	保安值班室	项	2	
6.9	大坝 10 kV 配电室	项		
6.10	大坝 400 V 配电室	项		
6.11	大坝直流系统室	项		
6.12	大坝进水口门机操作室	项	4	
6.13	大坝底孔操作室	项	4	
6.14	大坝表孔门机操作室	项	6	
6.15	大坝左坝肩接地网	项	2	
6.16	大坝右坝肩接地网	项	2	
7	调压井自动化系统	项	1	

四、安全措施

1. 对屋面避雷带、避雷针、高空构筑物检测时必须做好防止高空坠落、所使用工器具必须用绳索固定,防止高空坠物伤人或损坏设备,穿戴合格的个人劳动保护用品(穿戴安全帽、安全绳、安全带、防坠器必须经有关检验部门检验合格且在有效期内),严禁酒后施工、穿着不规范、现场吸烟等不文明行为,主变场地面做好隔离措施,放置醒目"屋顶施工,禁止通行"标示牌。

2. 遇有大风、雷雨天气,禁止施工。

3. 高空作业、焊接等特种作业必须持证上岗。高处作业大于 10 m 必须使用双保险安全绳。

4. 严禁跨越施工区域参观、办理与工作无关事项。

5. 设备防护。测试用线由专人看管,严禁使用蛮力、快速拖曳。

6. 施工期间,所有工作必须与带电设备保持足够的安全距离。

7. 安全目标。

工作中不损坏设备,不发生人身伤害。实现"零"违章目标。

8. 危险点分析。

(1) 触电伤人措施

① 临时施工电源搭设,应按照相关部门指定位置,必须由专业人员操作。

② 使用检测工具应遵守操作规范。

③ 使用检测仪器、测试用线时应对带电设备保持安全距离。

(2) 防止高空坠落

① 工作人员在对屋面避雷带、避雷针、高空构筑物检测时必须系好安全绳,并设专人监护。

② 所使用安全工器具必须达到安全标准要求。

五、环境保护措施

1. 对工作现场及时清理,做到无积灰、无杂物,清洁整齐。保证测试地点人走场清。

2. 工作中严禁吸烟,禁止随意丢弃垃圾,垃圾应丢弃到垃圾桶内。

3. 测试用线应有序摆放,严禁影响正常工作环境。

4. 野外测试后,进入工作生产区域时,应对车辆、人员进行卫生清理,严禁带泥、带杂物进入工作生产区域和室内场所。

参考资料

陈家斌,2003. 接地技术与接地装置[M]. 北京:中国电力出版社.

电力工业部电力科学研究院高压研究所,1998. 交流电气装置的接地:DL/T 621—1997[S].

国网辽宁省电力有限公司电力科学研究院,广东电网有限责任公司电力科学研究院,国网湖南省电力公司电力科学研究院,2018. 接地装置特性参数测量导则:DL/T 475—2017[S]. 北京:中国电力出版社.

李景禄,胡毅,刘春生,2002. 实用电力接地技术[M]. 北京:中国电力出版社.

苏邦礼,崔秉球,吴望平,苏宇燕,1996. 雷电与避雷工程[M]. 广州:中山大学出版社.

四川省住房和城乡建设厅,2012. 建筑物电子信息系统防雷技术规范:GB 50343—2012[S]. 北京:中国建筑工业出版社.

上海市防雷中心,安徽省防雷中心,天津市中力防雷技术有限公司,2019. 建筑物防雷装置检测技术规范:GB/T 21431—2015[S]. 2版. 北京:中国标准出版社.

解广润,1999. 电力系统接地技术[M]. 北京:中国电力出版社.

中国电力企业联合会,2011. 35 kV～110 kV变电站设计规范:GB 50059—2011[S]. 北京:中国计划出版社.

中国机械工业联合会,2011. 建筑物防雷设计规范:GB 50057—2010[S]. 北京:中国计划出版社.

中华人民共和国工业和信息化部,2017. 数据中心设计规范:GB 50174—2017[S]. 北京:中国计划出版社.